LED 조명

핸드북

日本 LED照明推進協議会 編

공학박사 구기준 譯

BM 성안당

日本 옴사 · 성안당 공동 출간

LED 조명 핸드북

Original Japanese edition
LED Shoumei Handbook
by LED Shoumei Suishin Kyougikai
Copyright © 2006 by LED Shoumei Suishin Kyougikai
published by Ohmsha, Ltd.

This Korean Language edition is co-published by Ohmsha, Ltd. and SEONG AN DANG Publishing Co.
Copyright © 2011
All rights reserved.

Preface

LED에 관한 서적은 수없이 출판되고 있으며 그 대부분은 연구기관의 연구자나 LED 제조사의 기술자에 의해 쓰여진 것으로, 이는 반도체 개발을 실무로 하는 엔지니어의 눈으로 본 LED의 사용법에 관한 것이었다. 따라서 LED를 조명 등 각종 분야에 사용하고자 하는 조명 디자이너나 건축가·학생 등이 이해하기에는 어려웠다.

이 책은 LED를 조명이나 표시에 이용하는 것을 추진하기 위해 2004년에 설립된 LED 조명추진협의회가 정리한 것으로, 조명·전자 디바이스·장치·소재·어셈블리(assembly) 등의 사용자와 제조사 양쪽 분야의 LED 기술자 집단이 서로 정보를 교환하면서 집필한 것이다. 따라서 LED를 사용하는 사람들의 기대를 충족시키도록 매우 읽기 쉽고, 이용하기 쉬운 내용으로 구성되어 있다.

LED와 같은 반도체의 빛은 "제4세대의 빛"이라고 말한다. "제1세대의 빛"인 불은 빛뿐만 아니라 요리·도예·살균·과학 분석 등 모든 분야에 사용되고 있고, "제2세대의 빛"인 전구나 "제3세대의 빛"인 형광등도 이와 같이 많은 분야에 사용되고 있다. 그렇게 생각하면 "제4세대의 빛"의 하나인 LED의 용도는 무한하다고 말할 수 있다. 또 LED의 동류인 반도체 레이저는 자연계에는 존재하지 않는 단일파장의 빛을 방출하고 있지만 이것들에 대해 아직 인류는 그 많은 용도를 모르고, 현재는 CD나 DVD의 읽고 쓰기나 센서의 광원에 사용하고 있을 뿐이다.

지금까지 LED를 접한 적이 없는 사람이나 무의식적으로 보고 있던 빛이 LED였던 것을 처음 알게 된 분들이, 이 책을 보고 "제4세대의 빛"에 관심을 갖게 되고, 더욱더 반도체 광원의 가능성을 넓혀가는 계기가 된다면 다행이라 할 것이다.

아이들을 가리켜 『빛의 아이』라고 말하는 것처럼, 무한한 가능성을 감추고 있는 이 빛이 돌연변이를 반복하면서 미래를 향해 마음껏 성장해 가는 것을 이 책을 통해 전하고자 하는 바이다.

LED 조명추진협의회 회장 오타니 요시히코

(일본대학 생산공학부 교수)

Contents

preface 3

CHAPTER 01 기초

1.1 LED의 역사 11
  1.1.1 비소(As)계 화합물 반도체 LED~GaAs계 적외 LED, AlGaAs계 적색 LED 11
  1.1.2 비소(As), 인(P)계 화합물 반도체 LED~GaAsP계 적색 LED 13
  1.1.3 인(P)계 화합물 반도체 LED~GaP계 녹색 LED, 적색 LED 13
  1.1.4 인(P)계 4원소 혼성결정 화합물 반도체 LED~AlGaInP계 주황색 LED 13
  1.1.5 질소(N)계 화합물 반도체 LED~GaN계 청색 LED, 녹색 LED 14
  1.1.6 질소(N)계 화합물 반도체 LED~GaN계 백색 LED 15

1.2 LED의 발광원리(반도체 발광원리와 성질) 17
  1.2.1 LED(발광 다이오드)란? 17
  1.2.2 발광 다이오드와 백열전구는 무엇이 다른가? 17
  1.2.3 발광원리 18
  1.2.4 발광 파장의 분포 20

1.3 백색화의 원리 22
  1.3.1 빛에 있어서 백색이란? 22
  1.3.2 백색 LED를 실현하는 방법 25

1.4 LED 광원의 특징 29
  1.4.1 기존 광원과의 비교 29
  1.4.2 광학 특성 33
  1.4.3 전기 특성 37
  1.4.4 신뢰성 등 40
  1.4.5 기타 41

1.5 LED 패키지의 구조와 구성부품 재료 43

    1.5.1 LED 패키지의 구조 43

    1.5.2 구성부품의 재료 44

1.6 LED의 결정성장 방법 53

    1.6.1 LED 동작층의 성장방법 53

    1.6.2 에피택시얼(epitaxial) 성장용 단결정기판 58

1.7 LED 램프의 제조방법 62

    1.7.1 LED 패터닝–LED 전극 형성 공정 62

    1.7.2 LED 칩화 64

    1.7.3 LED 램프화 공정 67

CHAPTER 02 시험방법

2.1 전기 특성에 대한 규격·시험 방법 73

    순전류/순전압/역전류/역전압/단자간 용량/응답 시간/차단 주파수, 주파수 응답

2.2 빛 특성에 대한 규격·시험 방법 75

    전광속/부분광속/배광/광도/휘도/발광 스펙트럼/색도/상관 색온도/
    연색성 평가수/주파장(도미넌트 파장)/피크 발광 파장/내부 양자 효율/
    외부 양자 효율/발광 효율(광원 효율)/방사속/CIE 평균화, LED 광도

2.3 온도 및 열 특성에 대한 규격·시험 방법 80

    주위 온도/열 특성

2.4 수명에 대한 규격·시험 방법 81

2.5 신뢰성에 대한 규격·시험 방법 82

    열적 환경 시험/기계적 환경 시험/기타 환경 시험

2.6 안전성에 대한 규격·시험 방법 85
전기적 안전성/기계적 안전성/생체적 안전성

2.7 LED 관련 규격 및 시험기관 87
국내 LED 관련 규격 및 시험기관/관련 규격 일람과 일본 내 조직

CHAPTER 03 설계 가이드라인

3.1 광학 설계 91
3.1.1 요구 사양의 결정 91
3.1.2 LED 칩·소자의 결정 91
3.1.3 광학 설계 92

3.2 회로 설계 95
3.2.1 LED 점등회로 95
3.2.2 LED 집합회로 99
3.2.3 전원회로 101
3.2.4 전원 시스템 104

3.3 신뢰성 설계 106
3.3.1 방열설계 106
3.3.2 정전기 대책 111

3.4 안전성 설계 116
3.4.1 안전성 설계와 법규 116
3.4.2 구체적인 안전성 설계 117
3.4.3 일본의 법령 119
3.4.4 인체에 미치는 영향 125
3.4.5 환경에 미치는 영향 132

CHAPTER **04** 응 용

4.1 조명 분야	137
4.1.1 주택 분야	137
4.1.2 시설 분야	141
4.1.3 점포 분야	143
4.1.4 옥외 분야	145
4.1.5 연출 분야	148
4.2 휴대전화 분야	151
4.2.1 휴대전화	151
4.3 도로교통 분야	152
4.3.1 LED식 교통신호등	152
4.3.2 터널용 표시등	153
4.3.3 가로등	154
4.3.4 LED 터널 시선유도등	155
4.3.5 LED 도로 시선유도등	156
4.3.6 시각장애인용 시선유도등(LED 점자 블록)	157
4.4 이동체 분야	159
4.4.1 자동차	159
4.4.2 철도차량	160
4.5 사인·디스플레이 분야	162
4.5.1 사인 분야	162
4.5.2 컬러 디스플레이 분야	165
4.6 기타 분야	169
4.6.1 화상 처리용 조명	169

4.6.2 식물 육성용 조명 · · · · · · · · · · · · · · · · · 170

4.6.3 프린트 헤드 · · · · · · · · · · · · · · · · · 171

4.6.4 컬러 LED 힐링 라이트 · · · · · · · · · · · · · · · · · 172

4.6.5 전원 장치 · · · · · · · · · · · · · · · · · 173

4.6.6 오징어잡이 어업 분야(일본의 경우) · · · · · · · · · · · · · · · · · 174

CHAPTER 05 자 료

5.1 용어 해설 · · · · · · · · · · · · · · · · · 179

5.2 일본 LED 조명기술 및 추진협의회의 활동 · · · · · · · · · · · · · · · · · 188

5.3 일본 주요 기업의 기술/제품정보 · · · · · · · · · · · · · · · · · 190

산유렉(주)/샤프(주)/토시바라이테크(주)/도요타합성(주)/파나소닉전공(주)/
이와사키전기(주)/우시오라이팅(주)/고이토공업(주)/스탠리전기(주)/세이와전기(주)/
미쓰비시전기조명(주)/아픽야마다(주)/(주)이나바전기제작소/오쓰카전자(주)/
(주)옵토시스템/(주)콘텐츠/(주)쿄신전기제작소/산켄전기(주)/시시에스(주)/
(주)알팍토/신고전재(주)/ 스미토모화학(주)/(주)스미토모 금속 일렉트로 디바이스/
세이부전기공업(주)/(주)다이칸/다이도코교(주)/다카쓰키전기공업(주)/테크다이아(주)/
(주)테크놀로그/덴키화학공업(주)/(주)도쿠야마/나이트라이드·세미컨덕터즈(주)/
막스레이(주)/(주)마루와 쇼메이/야마타조명(주)/요시카와가세이(주)

5.4 국내 LED 조명 관련 업체 · · · · · · · · · · · · · · · · · 209

5.5 국내 LED 조명 관련 수·출입 업체 · · · · · · · · · · · · · · · · · 211

■ 찾아보기 · · · · · · · · · · · · · · · · · 213

01

기초

20세기 말에 이르러 청색 LED(청색 발광 다이오드)의 대량 생산이 시작되면서 적색, 녹색과 더불어 빛의 3원색이 LED(Light Emitting Diode)의 세계로 총 집결해 꿈만 같았던 LED의 백색화나 풀 컬러화가 현실화되었다. 고휘도화가 진행됨에 따라 LED는 풀 컬러 표지판이나 교통 신호기, 각종 조명 기구, 휴대전화 액정 화면의 백라이트 등에 폭넓게 사용되기 시작하였다. LED를 더욱더 밝게 할 수 있다면, 백열전구나 형광 램프를 대신하여 일반 조명용 광원에도 사용될 시대가 올 것이다.

제1장에서는 지금까지의 LED 개발의 역사를 되돌아보면서 LED는 왜 빛이 나는 것인지, 형광 램프나 다른 광원과 차이점은 무엇인지, 어떤 특성과 성능을 가지고 있는지, 또 어떤 구성으로 어떻게 만드는지에 대해서 백색 LED에 초점을 맞춰 설명하겠다.

LED의 역사

1907년 샌드페이퍼(sandpaper)의 연마제로 사용했던 카보랜덤 결정(SiC)에 전압을 가하면 여러 가지 색으로 빛이 나는 현상이 처음으로 보고되었다.[1],[2] 이것은 불꽃의 빛이나 방전현상의 빛, 흑체 방사와는 달리, 고체 물질에 전기를 흐르게 함으로써 발광하는 새로운 원리에 따른 것이다. 그 이후 1950년경까지는 SiC나 Ⅱ-Ⅳ족 화합물 반도체라는 자연적으로 산출되는 광물의 발광현상이 연구되었다. 1950년대에는 이런 반도체 재료에 관한 의견도 증가하고, 또 인공적으로 빛나는 구조를 제작하는 기술도 향상되어서, 반도체 결정의 발광현상을 이용하려고 하는 시도가 시작되었다. 1952년에는 Ge 및 Si의 pn접합부의 발광이, 1954년에는 GaP의 발광이 보고 되었다.[1],[2]

1.1.1 비소(As)계 화합물 반도체 LED
~GaAs계 적외 LED, AlGaAs계 적색 LED[1],[2]

1954년에 GaAs의 벌크 결정 성장이 시작되고, GaAs 기판을 사용한 기상성장(氣相成長, Vapor-Phase Epitaxy : VPE)법이나 액상성장(Liquid-Phase Epitaxy : LPE)법의 연구가 활발하게 되었다. 1962년에는 드디어 GaAs 베이스의 적외 LED나 적외 레이저 다이오드(Laser Diode : LD)가 발표되어, 세계 최초로 GaAs계 적외 LED가 판매되었다(발광파장 : 870nm, 가격 : 130 US $). 그 후, GaAs에 Si를 미량 첨가한 경우, 성장온도를 변화시키는 것만으로 양질의 pn접합 결정성장이 가능한 것을 알게 되어, 외부 양자효율이 6 %인 고품질 GaAs계 적외 LED가 실현되었다.

GaAs에 Al를 첨가한 3원소의 혼성결정계인 AlGaAs계 LED에 대해서는, Al와 친화성이 높은 산소가 결정에 혼입되어 빛나지 않는다는 문제에 직면했지만, 1968년 드디어 양질의 AlGaAs 에피택시얼(epitaxial) 막을 성장

|표 1.1-1| LED의 역사

연도		기술개발의 발전
1954		GaP 단결정의 제작, 특성평가의 시작
〃		GaAs 단결정의 제작, 특성평가의 시작
1955		GaP에서 발광을 관측
1962		GaAs pn접합에서 발광을 관측
〃		GaAs계 적외(870~980 nm) LED, LD의 등장
〃		GaAsP계 적색 LED의 등장
1963		GaP계 적색 LED의 등장
〃		α-SiC의 다이오드로, 청색에 강한 피크를 관측
1965		GaP에 N 등의 아이소일렉트로닉(isoelectronic) 발광 중심 도입
1966		GaAs계 적외 LED. 외부양자효율 6 %
1967		GaP : Zn-O계 적색 LED. 외부 양자효율 2 %
1969		SiC계 청색 LED. 전광 변환효율 0.005 %
〃		GaP계 적색 LED. 외부 양자효율 7.2 %
〃		GaP계 녹색 LED. 외부 양자효율 0.6 %
1971		GaN의 MIS구조 다이오드로 청색 및 녹색의 발광을 관찰
1972		GaAsP계 황색 LED의 등장. 외부 양자효율 0.2 %
〃	④	GaP : Zn-O계 적색 LED. 외부 양자효율 15 %
1977	①	GaAsP계 적색 LED. 외부 양자효율 0.1 %
1981	⑥	GaN계 청색 발광의 확인
1985	②	AlGaInP계 주황색 LED의 등장
1986		GaN계 AlN 저온 퇴적 완충층 기술의 등장
1992		GaN계 청색 pn 호모 접합 다이오드. 외부 양자효율 1 %
1994		pn접합형 GaInN/AlGaN 헤테로(異種) 구조 1 cd 클래스 고휘도 청색LED
1995	⑦	GaInN 더블 헤테로 구조 청색 LED. 외부 양자효율 10 %
〃	⑤	GaInN계 녹색 LED 등장
1997	⑧	형광체에 의한 백색 LED 등장. 5 lm/W
2001	③	AlGaInP계 : 투명기판 부착·기판가공
2002	⑨	청색 여기(勵起) 백색 LED 특성 향상. 62 lm/W
2004		청색 여기(勵起) 백색 LED 특성 향상. 80 lm/W

(주) 번호는 「그림 1.1-1 LED의 특성 향상」과 같음.

시키는 데 성공하여, AlGaAs/GaAs계의 고효율 적외 LED를 실현했다. 이 계통의 LED는 리모컨이나 근거리 통신망(LAN)의 광원으로서 현재 널리 사용되고 있다.

1.1.2 비소(As), 인(P)계 화합물 반도체 LED~GaAsP계 적색 LED[1],[2]

가시광 LED는 GaAs기판 위에 GaAsP 에피택시얼(epitaxial) 막을 성장시키는 것으로 1962년 처음 실현되었다. 최초에 판매된 GaAsP계 적색 LED는 가격이 260 US $로 고가였지만 1968~1970년에는 수개월마다 판매량이 2배로 뛰는 경이적인 판매를 기록했다. 이것은 당시 전자식 탁상용 계산기나 손목시계 화면용 광원으로서 각 사가 경쟁적으로 채택했기 때문이다.

1.1.3 인(P)계 화합물 반도체 LED~GaP계 녹색 LED, 적색 LED[1],[2]

GaP의 pn접합 LED는 1963년 적색 LED로서 처음 실현되었다. 직접천이형의 GaAs와는 달리 GaP는 간접천이형의 반도체지만 예상외로 고휘도로 빛나는 것이 수수께끼였다. 1965년 GaP에 N, Zn-O 등의 불순물을 첨가하면 이들 불순물 이온의 부근에 전자와 정공이 모이기 쉽게 되기 때문에 고효율로 발광한다고 하는 이론이 발표되어 널리 지지를 받고 있다. 1986년에는 N을 첨가한 GaP로서 녹색 LED가 처음으로 발표되었다. Zn-O도프(dope) GaP의 적색 LED, N도프 GaP의 녹색 LED는 전화기의 빛나는 다이얼 등에 이용되어 널리 보급되었다.

1.1.4 인(P)계 4원소 혼성결정 화합물 반도체 LED ~AlGaInP계 주황색 LED[1],[2]

GaP에 Al과 In을 첨가한 4원소의 혼성결정인 AlGaInP계는 가시광 LD로서 1985년에 처음으로 발표되었다. GaAs기판에 격자 정합된 $Ga_{0.5}In_{0.5}P$를 활성층에 사용한 AlGaInP/GaInP 더블 헤테로 구조를 취하고 있으며, 매우 밝은 LD로 주목을 모았다. 이 LD의 파장은 650 nm이고 현재 레이저

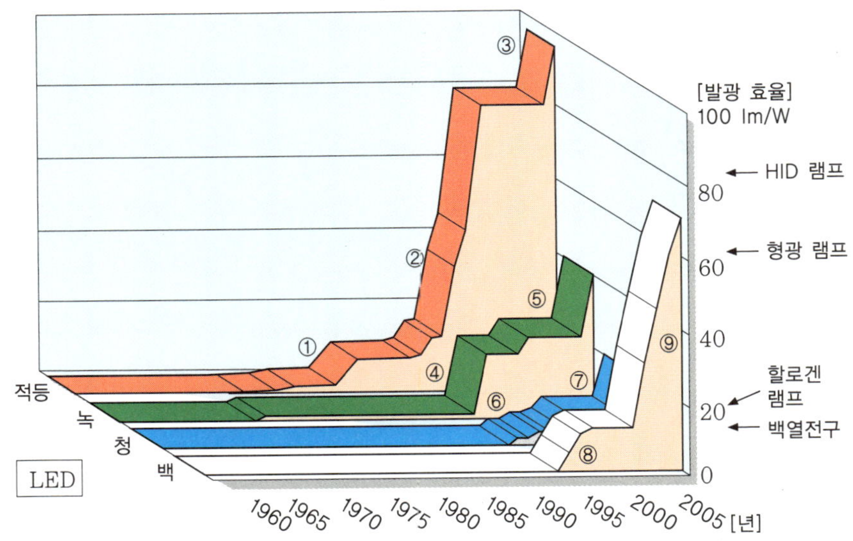

백색 LED의 발광효율은 기술개발의 진전에 따라 급격히 향상하여 백열전구,
할로겐 램프, 형광 램프를 상회하고 현재 HID램프에 육박하고 있다.

|그림 1.1-1| LED의 특성 향상[1]~[6]

포인터나 DVD 플레이어에 널리 사용되고 있다. AlGaInP계 가시 LED는
1990년에 발표되었지만 1997년 다중양자우물(Multi Quantum Well :
MQW) 활성층, 1998년 코히런트(coherent) 성장 왜곡 MQW 활성층, 이후
투명기판의 채용, 역 피라미드형 칩 구조의 채용 등, 현저한 기술의 진보를
통해 2001년에는 외부 양자효율 50 %라는 초고효율을 달성했다.

1.1.5 — 질소(N)계 화합물 반도체 LED ~GaN계 청색 LED, 녹색 LED[3]~[5]

　적색, 황색의 고휘도 LED개발과 병행하여 풀 컬러 화면에 필요한 3원색
의 하나인 청색 LED에 관해서도 전격적으로 개발이 진행되었다. 청색 발광
디바이스를 실현하기 위해서는 밴드 갭 2.5~2.9 eV의 반도체 재료(와이드
갭 반도체 : SiC, ZnSe, GaN, ZnO 등)를 선택할 필요가 있다. 이러한 반도
체 재료를 사용하여 발광소자를 제작하기 위해서는 ① 결함이 적은 고품질
박막제작, ② p형, n형 전기전도성 제어, ③ 고효율 발광구조 제작이 필수적
이지만 와이드 갭 반도체로 이러한 일을 실현하는 것은 매우 힘들어 청색
LED의 실현은 20세기 중에는 불가능하다고 여겨졌다.

현재 널리 보급되고 있는 GaN계 반도체가 높은 포텐셜(potential)을 갖는다고 인지된 계기가 된 것은 1986년 저온 버퍼(buffer)층에 따른 사파이어 기판 상 고품질 GaN 에피택시얼 성장의 실현이다. 이 기술에 의해 반도체로서 기능하는 고품질 GaN 결정을 얻을 수 있었고 곤란했던 p형 전기전도성의 제어도 가능해졌다.

1989년 Mg를 도판트(dopant)로서 첨가하여 저속전자선 조사처리에 의해 드디어 p형 GaN 결정이 실현됐다. 이러한 획기적인 성과를 사용해서 1992년에는 최고효율 1.5 %의 pn접합형 청색 LED를 실현하고 GaN계 반도체 발광 디바이스의 시대가 열렸다.

1993년 청색 LED의 판매가 개시되어 1994년 녹청 LED, 1995년 녹색 LED가 실용화됐다. 그 후 10년간의 현저한 기술혁신과 효율 향상을 통해 GaN계 고효율 청색 LED와 녹색 LED가 널리 이용되고 있다.

1.1.6 질소(N)계 화합물 반도체 LED~GaN계 백색 LED[4]~[6]

1990년대 전반 빛의 3원색인 적, 녹, 청의 LED 광원이 갖추어짐으로써 이들 3색 LED를 통합한 백색 LED가 실현됐다. 단, 3색 각각의 구동전압이나 온도특성이 다르기 때문에 하나의 재료로 된 LED 백색 광원의 실현이 요구되었다. 1996년 청색 GaN-LED와 황색 YAG 형광체를 합친 구조의 백색 LED가 발표되었다. 이 백색 LED는 InGaN 청색 LED를 여기원으로 하여, YAG 황색 형광체를 청색광으로 발광시켜 형광체를 투과해온 청색광과 YAG 형광체에 따른 황색 형광을 혼합하여 백색광원을 만드는 것이다. 발표 당시의 발광효율은 5 lm/W로 주로 휴대전화의 액정 백라이트(backlight) 광원으로 사용되었다.

그 후 많은 개량을 통해 성능이 현저하게 향상되어 현재의 발광효율은 50 lm/W에 달하고 있다. 이는 백열전구(15 lm/W)의 약 3배의 효율에 해당된다. 게다가 실험실 수준에서는 형광 램프나 HID 램프에 필적하는 80 lm/W를 초과하는 백색 LED도 개발되었다.

민간용 에너지 소비량의 약 20 %는 조명용이 차지하고 있는 것으로 볼 때, 조명용 에너지 절약 기술의 개발은 극히 중요하며 GaN계 백색 LED는 에너지 절약 조명용 광원으로 기대된다. 일반 조명용 LED 광원에 기대되는 발광효율의 수치목표는 최근까지 100 lm/W라고 이야기되고 있지만 시제품 수준으로는 이미 달성되었고, 이는 일정전류를 LED에 흐르게 했을 때 광속(光束)을 높게 하거나 LED에 가한 전압을 낮게 함으로써 달성할 수 있다. 즉, 광속수를 증가시켜 전압을 내림으로써 100 lm/W의 발광효율을 더욱더 높이는 것이 가능한 것이다.

[참고문헌]

(1) 靑木昌治 編著 : 일렉트로닉스技術全書 6, 發光다이오드, 工業調査會, 1977.
(2) E. Fred Schubert : *Light-Emitting Diodes*, Cambridge University Press, 2003.
(3) 赤崎 勇 編著 :「靑色發光 디바이스의 魅力」, 工業調査會, 1977.
(4) 赤崎 勇 編著 :「Ⅲ族窒化物半導體」, 培風館, 1999.
(5) G. B. Stringfellow and M. G. Craford : *High Brightness LEDs*, Academic Press, 1997.
(6) 田口常正 監修 :「白色LED照明시스템의 高輝度·高效率·長壽命化技術」, 技術情報協會, 2003.

1.2 LED의 발광원리(반도체 발광원리와 성질)

1.2.1   LED(발광 다이오드)란?

최근 거리에서 자주 눈에 띄는 새로운 광원. 예를 들어 빌딩 벽면에 설치되어 있는 대형 TV나, 자세히 보면 연어 알처럼 돋아난 듯한 신호기, 그리고 밤을 화려하게 수놓은 일루미네이션의 빛, 이것들에 사용되고 있는 것이 바로 LED(Light Emitting Diode)이다(「그림 1.2-1」).

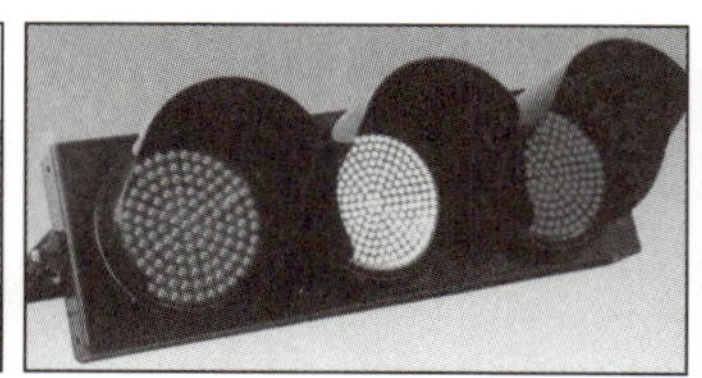

|그림 1.2-1| LED의 사용 예

1.2.2   발광 다이오드와 백열전구는 무엇이 다른가?

거리에서 자주 눈에 띄는 신호기의 경우 종래의 60 W 백열전구에 비해 LED로는 1/3~1/10의 전력을 사용한다.

즉, LED는 전력을 크게 절약하는 광원이다. 또 백열전구는 필라멘트가 끊어지는 문제가 있어 끊어져서는 곤란한 신호기 등의 경우 정기적으로 백열전구를 교환해야 할 필요가 있었다. 이에 비해 LED의 수명은 백열전구의 수십 배 정도로 교환하기 어려운 제품의 광원으로 최적이다.

실제의 LED는 전기를 통하게 하면 빛이 나는 작은 칩을 투명한 에폭시 수지로 덮은 광원이다(「그림 1.2-2」). 이 빛나는 부분에는 반도체라고 불리는 것이 사용되고 있다. 반도체란 전기가 통하는 도체와 통하지 않는 절연체의 사이에 위치하는 물질로서 트랜지스터, IC 등에도 사용되는 것이다. 이 반도체는 전기의 플러스(正孔, 정공)가 움직이는 p형 반도체와 마이너스(電子, 전자)가 움직이는 n형 반도체를 접합시켜 놓고 전기를 흐르게 하면 플러스와 마이너스가 부딪쳐 접합면에서 빛이 생긴다(「그림 1.2-3」).

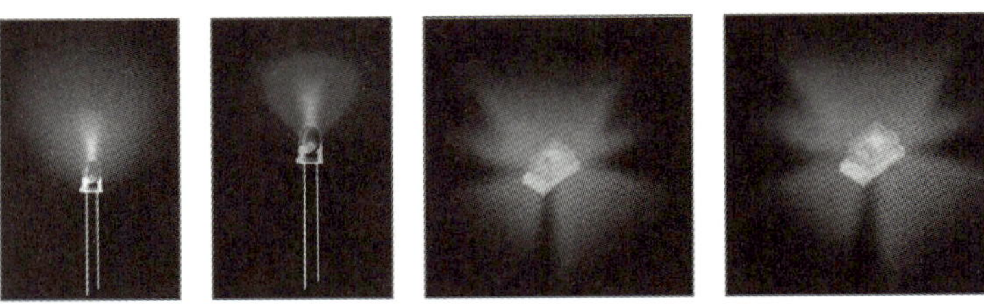

|그림 1.2-2| LED의 사용 예

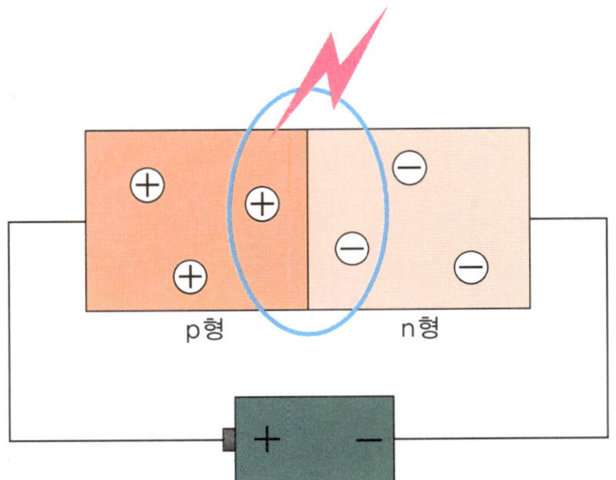

|그림 1.2-3| 반도체에 의한 발광

종래의 백열전구가 필라멘트를 가열하고 빛을 내는 것에 비해 LED는 전기를 직접 빛으로 바꾸기 때문에 에너지의 변환 효율이 매우 좋다.

1.2.3 발광원리

앞에서 LED가 p형과 n형을 접합한 반도체임을 말했지만, 그럼 왜 빛이 생기는 것일까? 우선 pn접합을 에너지도(「그림 1.2-4」)로 설명해 보자.

원자핵의 주위에는 전자가 존재할 수 있는 2개의 에너지대가 존재한다. 즉, 전자가 자유롭게 움직이지 못하고 고정된 것처럼 되어 있는 '가전자대(價電子帶)'와 전자가 자유롭게 돌아다닐 수 있는 '전도대(傳導帶)'가 있다.

전자에서 보면 낮은 쪽의 에너지대가 가전자대이고 높은 쪽이 전도대이다.

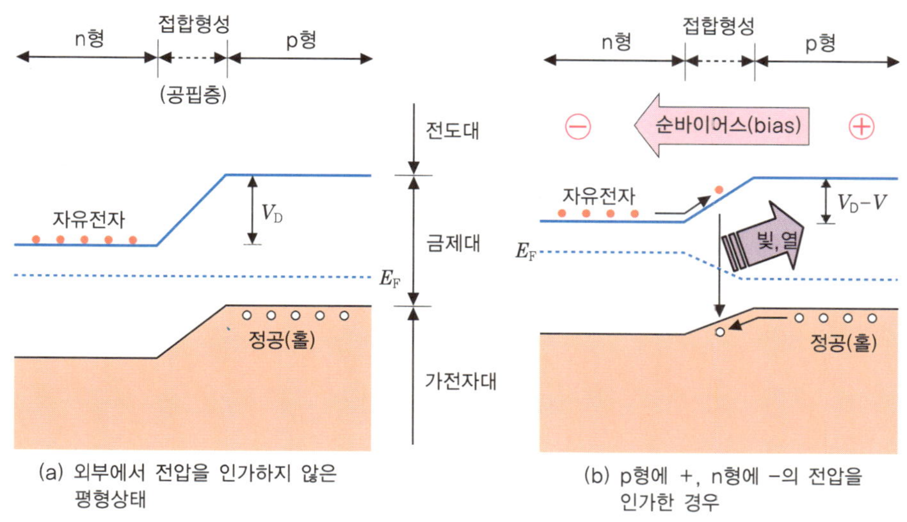

그림 1.2-4 반도체의 에너지 밴드 모델

n형 반도체의 전도대에는 전자가 자유롭게 돌아다니고 있고, p형 반도체의 전도대에는 전자가 없는 대신에 가전자대에 전자가 빠진 구멍(正孔 혹은 hole이라고 불린다)이 있다. 그리고 전도대와 가전자대 사이에는 전자도 정공도 없는 '금제대(禁制帶)'가 존재한다.

간단히 말하면 높은 에너지대인 전도대에 있는 전자가 가전자대에 '쿵' 하고 떨어져 정공과 결합할 때 에너지가 빛과 열이 되어 나오는 것이다.

그런데 LED의 발광원리에는 하나 더 중요한 이야기가 있다. pn접합부에서는 가장 p형 측에 접하고 있는 n형 측의 전자가 어느 정도 p형 측으로 확산된다. 그러면 n형 측은 확산한 전자에 상당하는 만큼 플러스로 대전한다. 마찬가지로 p형 측의 정공도 어느 정도 n형 측으로 확산하기 때문에 그 만큼 마이너스로 대전한다.

이와 같이 p형 측과 n형 측에는 확산에 의해 대전하는 전위에 상당하는 전위차(확산전위 : V_D)가 생긴다. V_D는 접합에 대해 역방향 전압이므로 이에 상당하는 만큼 전자는 p형 영역에서 멀어지고 마찬가지로 정공도 n형 영역에서 멀어진다. 결국 pn접합의 아주 가까운 곳은 전자도 정공도 없는 공핍층이 생기게 된다(「그림 1.2-4(a)」 참조). 외부로부터 pn접합에 대해 V_D를 상쇄할 크기의 순방향 전압을 가하면 전자는 n형 영역에서 p형 영역으로, 정공은 p형 영역에서 n형 영역으로 이동하고(전류가 흐르고) 전자와 정공이 결합한 결과, 발광하는 것이다(「그림 1.2-4(b)」 참조).

이에 대해 pn접합에 역방향의 전압을 가하면 p형 측과 n형 측의 전위차는 더욱 커져 전류는 흐르지 않고, 따라서 이 경우 발광도 하지 않는다. 또 금제대의 폭(에너지 갭)은 물질에 따라 다르다.

이 폭이 좁으면 장파장의 빛이, 넓으면 단파장의 빛이 각각 전자와 정공의 결합에 의해서 나오게 된다.

1.2.4 ## 발광 파장의 분포

본래 지니지 않은 캐리어(전류를 나르는 것. 이 경우 p형 영역에서는 전자)를 넣는 것을 소수(少數) 캐리어 주입이라고 한다. 다이오드의 순방향으로 전류를 흐르게 하는 것이 소수 캐리어 주입이다. 주입된 소수 캐리어는 그 영역에서 다수 캐리어(p형 영역에서의 홀)와 결합하여 에너지를 방출하는데 이 에너지와 빛의 관계식은 다음과 같다.

$$E = h\frac{c}{\lambda} \qquad (1)$$

여기서, E : 전자(또는 홀)가 방출하는 에너지

h : 플랑크 상수

c : 진공 중의 빛의 속도

λ : 파장

이 식을 보통 사용하는 단위로 바꾸면 다음과 같다.

$$E = \frac{1{,}240}{\lambda} \quad \text{혹은} \quad \lambda = \frac{1{,}240}{E} \qquad (2)$$

여기서, E의 단위 : 일렉트론 볼트[eV]

λ의 단위 : 나노미터[nm]

실제 LED의 경우 E는 물질의 금제대 폭 그 자체보다도 불순물의 종류나 양에 따라 약간 다른 값으로 되어 있다. 이것은 전도대에서 '쿵'하고 똑바로 떨어져야 할 전자가 도중에 무언가에 부딪치면서 떨어진다고 생각하면 좋을 것이다.

발광색(발광파장)은 발광부의 재질이 갖는 에너지 갭에 따라 정해지는데, 그 일람을 「표 1.2-1」에 표시한다.

표 1.2-1 발광색(발광파장) 일람

소재	GaAsP계	GaP계	AlGaAs계	AlGaInP계	InGaN계
발광색	황색~적색	황녹색	적색	황색~적색	청색~녹색 (형광체와 조합하면 백색)
구조	p-GaAsP / n-GaAsP / n-GaPsub	p-GaP / n-GaP / n-GaPsub	n-AlGaAs / p-AlGaAs / p-GaAs	p-AlGaInP / AlGaInP / n-AlGaInP / n-GaAs	p-GaN / InGaN / n-GaN / n-SiC / p-GaN / InGaN / n-GaN / Al_2O_3
발광효율	0.2~1.0 lm/W	2.0~3.0 lm/W	6~12 lm/W	15~40 lm/W	10~50 lm/W

1.3 백색화의 원리

1.3.1 빛에 있어서 백색이란?

빛이란 무엇일까?

빛이란 사실은 텔레비전, 라디오 등의 전파와 같은 전자파(電磁波)라 불리는 것의 일종이다. 전자파란 「그림 1.3-1」에서 보듯 파장에 따라 여러 가지가 있으며 그 중 일부가 빛(가시광선)이다.

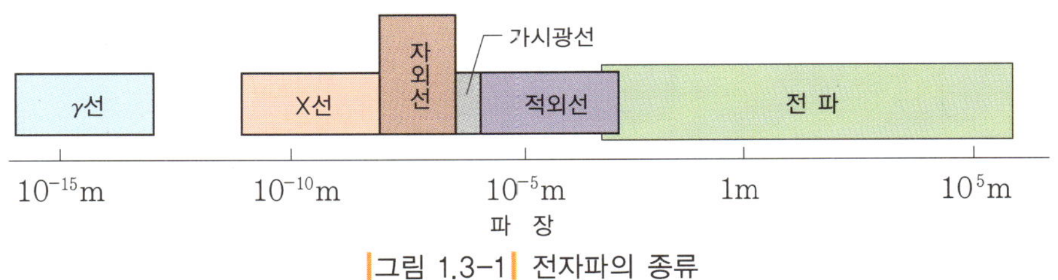

|그림 1.3-1| 전자파의 종류

이러한 전자파는 모두 눈에 보이는 것이 아니다. 예를 들어 텔레비전의 전파는 방송국 등의 전파탑으로부터 각 가정까지 날아오는 것이지만 그 전파를 본 사람은 없다. 마찬가지로 빛도 전자파이므로 하늘을 날고 있는 것을 볼 수는 없다.

빛은 자외선과 적외선의 사이에 끼어있는 380~780 nm의 파장(TV·라디오의 주파수의 역수에 비례한다.)의 전자파를 말하며, 이 범위의 파장이 인간의 눈에 들어 왔을 때 뇌가 이를 색으로 인식하게 된다. 또한 각 색은 각각 파장을 가지고 있다(「그림 1.3-2」 참조).

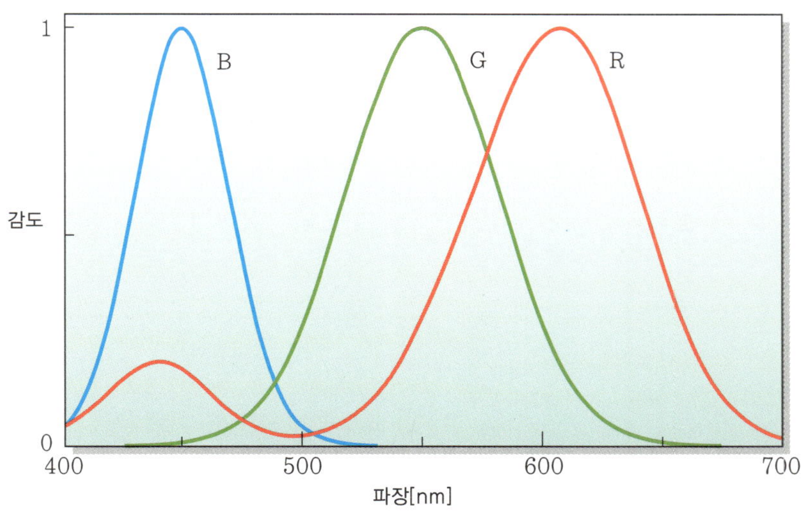

│그림 1.3-2│ 파장과 색의 관계(가시광선)

인간의 눈은 이 중에도 적(Red)·녹(Green)·청(Blue)의 빛을 선택적으로 느낀다고 여겨지며(「그림 1.3-3」참조), 이 3색의 조합을 통해 모든 색을 뇌에서 인식한다.

│그림 1.3-3│ 인간의 시감도 이미지

그러면 3색의 조합으로 색은 어떻게 변하는 것일까? 「그림 1.3-4」의 적과 녹이 겹치는 부분은 황색, 적과 청이 겹치는 부분은 자주색, 청과 녹이 겹치는 부분은 물색과 같이 색을 조합함으로써 보다 많은 색을 인식할 수 있게 된다. 실제로는 「그림 1.3-3」에 나타낸 것처럼 적의 주변, 녹의 주변, 청의 주변의 색을 느낄 수 있으므로 「그림 1.3-4」의 색보다 더 많은 색을 느낄 수가 있다.

그런데 「그림 1.3-2」에는 인간이 느끼는 색 중 두 가지가 빠져있다. 그것은 흑색과 백색이다. 흑색은 암흑의 우주에 비유하듯 일절 빛이 없는 경우를 말한다.

　반면 백색은 「그림 1.3-4」의 한가운데, 즉 적·녹·청의 모든 빛이 혼합된 색이며 인간의 뇌는 백색이라고 인식한다.

　적·녹·청의 발광색을 이용하여 여러 가지 색을 표현하고 있는 것 중 우리 주변에서 흔히 볼 수 있는 예가 TV다. TV도 아주 작은 적·녹·청의 빛의 집합으로 되어 있다. 각각 색의 강약을 조절하여 여러 가지 색을 발광하며 적·녹·청의 3색을 동시에 발광했을 때에 백색을 얻을 수 있다.

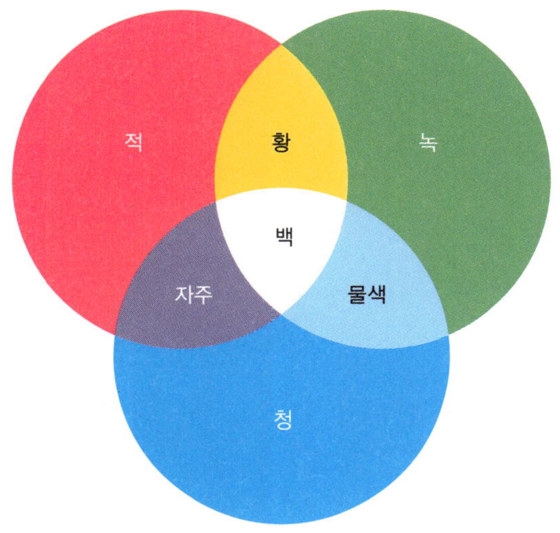

|그림 1.3-4| 빛의 3원색

　인간의 눈은 각 파장의 빛을 얼마만큼의 밝기로 느끼고 있는 것일까?

　명도에 대한 눈의 감도를 비시감도(比視感度)라 한다. 인간의 눈에는 녹색이 가장 밝게 느껴지고 같은 강도의 빛이라도 명도는 파장에 따라 다르다.

　같은 강도의 빛에 관하여 가장 밝게 느끼는 파장의 감도가 1이 되도록 하고 이에 따라 각 파장의 비시감도의 비를 수치화한 것을 비시감도 곡선이라 하며, 「그림 1.3-3」의 G와 같은 분포가 된다. 국제표준이 되는 CIE(국제조명위원회)의 규격으로는 명소시(明所視)의 경우, 감도가 최대치로 되는 파장은 555 nm, 최대 시감효과도는 683 lm/W가 된다. 이것이 470 nm의 청색으로는 62 lm/W가 되고, 같은 강도라도 녹색의 1/10 정도의 밝기로 보이게 되는 것이다.

1.3.2 백색 LED를 실현하는 방법

1990년대 이후 LED는 적색부터 청색까지 여러 가지 색을 발광시킬 수 있게 되었다. 여기서는 그것들의 LED를 사용하여 백색 LED를 실현하는 방법에 대해 설명하고자 한다.

(1) 청색 LED+형광체에 의한 백색 LED

백색 LED 구조의 가장 일반적인 방법은 청색으로 발광하는 LED와 청색의 빛을 받으면 황색을 발광하는 형광체를 사용한 백색 LED를 만들어 내는 것이다(「그림 1.3-5」 참조).

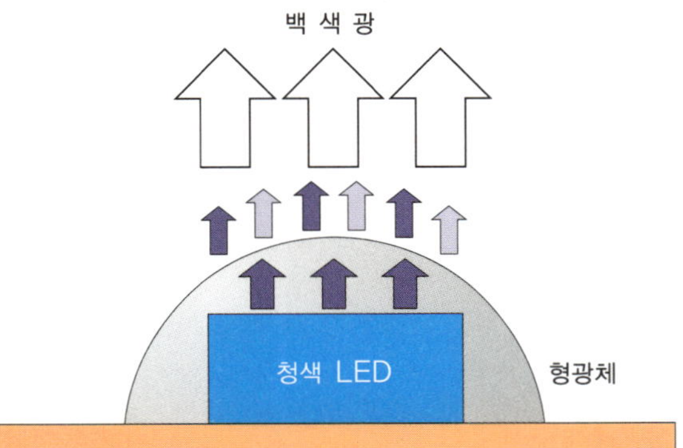

|그림 1.3-5| 청색 LED+형광체에 의한 백색 LED

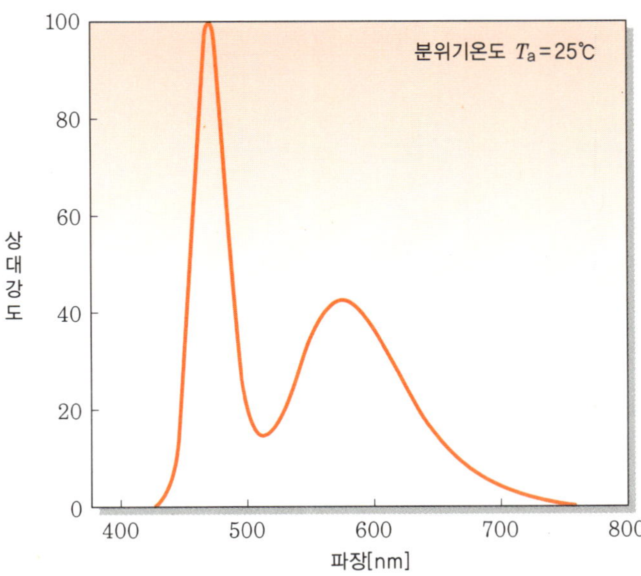

|그림 1.3-6| 청색 LED+형광체에 의한 백색 LED의 발광 스펙트럼

　이 방법에 있어서 백색 LED의 발광 스펙트럼은 「그림 1.3-6」과 같다. 형광체로부터 발광한 570 nm 전후의 황색은 적색과 녹색의 혼색광이며 거기에 LED로부터 얻은 470 nm 전후의 청색광이 섞임으로써 백색을 얻을 수 있다.

　이 방법은 백색 LED 중에서 현재 가장 간단하고, 가장 밝게 할 수 있는 방법으로 여겨지고 있다. 결점이라면 실제로는 적색과 녹색의 발광색을 섞은 것이 아니어서 약간 청백하게 되어 버린다는 것이다.

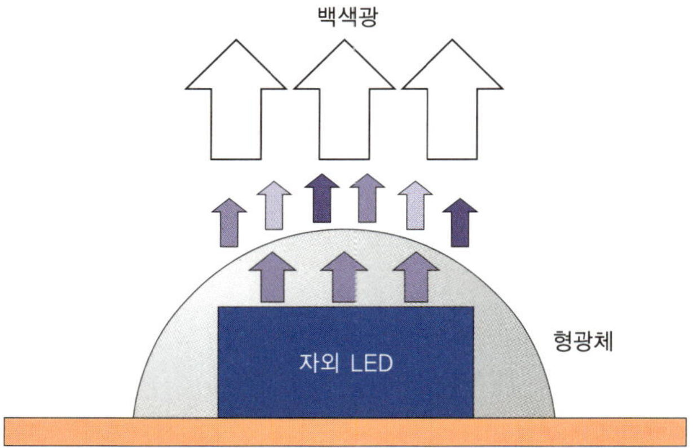

|그림 1.3-7| 근자외 LED + 형광체에 의한 백색 LED

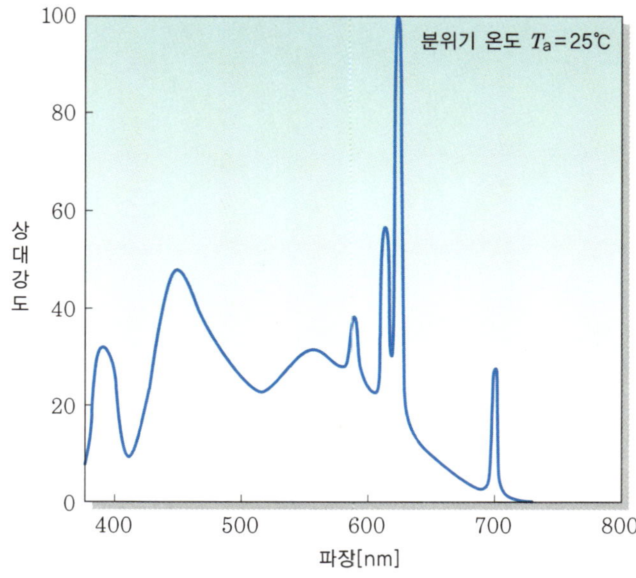

|그림 1.3-8| 근자외 LED + 형광체에 의한 백색 LED의 발광 스펙트럼

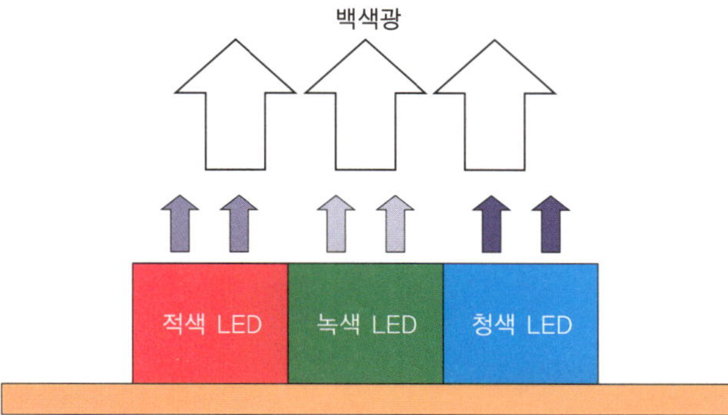

|그림 1.3-9| 적·녹·청색 LED에 의한 백색 LED

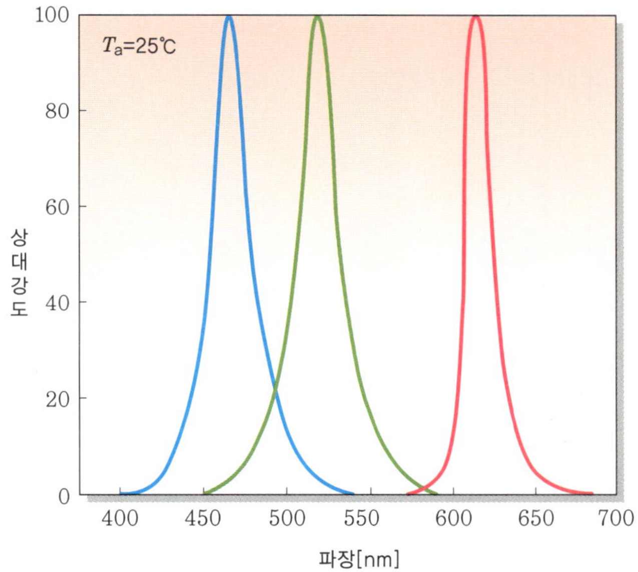

|그림 1.3-10| 적·녹·청색 LED에 의한 백색 LED의 발광 스펙트럼

(2) 근자외 LED+형광체에 의한 백색 LED

보다 흰 빛을 내게 하는 방법으로는, 「그림 1.3-7」에 나타낸 눈에 보이지 않는 자외선을 발광하는 LED와 자외선을 받으면 적·녹·청의 3색을 발광하는 형광체를 사용해 만들어내는 백색 LED를 들 수 있다. 이 방법으로 「그림 1.3-8」과 같은 발광 스펙트럼을 얻을 수 있다. 또한 본래의 백색에 필요한 630 nm 전후의 적색, 530 nm 전후의 녹색, 460 nm 전후의 청색인 3색으로부터 백색을 발광하기 때문에 매우 아름다운 백색을 볼 수 있다.

그러나 한번에 모든 자외광을 형광체에 비추어 빛을 얻기 때문에 밝기를 향상시키는 것이 앞으로의 과제로 남아 있다.

(3) 적·녹·청색 LED에 의한 백색 LED

앞에서 1990년대 이후 LED는 여러 가지 색을 발광할 수 있게 되었다고 기술했다. 이 방법은 적색 LED, 녹색 LED, 청색 LED의 3가지 LED를 사용하여 백색 LED를 만드는 것으로, 「그림 1.3-9」와 같이 각 색의 LED로부터 발광한 적·녹·청 3색의 발광 스펙트럼을 통해 아름다운 백색을 얻을 수 있다. 풀 컬러의 LED 도로표시판이나 길거리의 풀 컬러 LED 스크린 등 주변에서 이 방식을 흔히 볼 수 있다.

그러나 각 색 LED 밝기의 균형이 중요하고 밝기를 맞추는 것이 어렵다는 것이 과제다.

1.4 LED 광원의 특징

1.4.1 기존 광원과의 비교

「표 1.4-1」은 광학 특성에 초점을 맞춰 LED와 기존 광원의 비교를 주로 광학 특성의 측면에서 나타낸 것이다.[1,2] LED로는 청색 LED와 황색 발광 형광체를 조합시킨 이른바 2색 발광의 백색 LED를 기준으로 해서 ϕ 5 mm 의 포탄형 패키지 램프를 전제하고 있다. 또, 기존 광원으로는 백열전구, 형광 램프, HID 램프(고휘도 방전 램프)를 대상으로 했다. 또한 형광 램프는 보통 직관형인 것, HID 램프는 메탈 하라이드 램프를 들었다. 이 표를 토대로, LED 광원의 장점과 과제를 설명하고자 한다.

(1) LED광원의 장점

① 고신뢰성·긴 수명

소자 그 자체의 수명은 반영구적이며 램프로서의 수명은 주로 조립재료나 패키지 재료의 열화에 의해 좌우된다. 보통 램프로는 수만 시간의 수명을 지니고 있으며 이는 백열전구의 수십 배, 형광 램프나 HID의 수 배에 해당한다. 최근 개발되고 있는 대출력의 LED는 발열의 문제가 있고, 보통 LED 램프보다는 수명이 짧지만, 그럼에도 불구하고 2만 시간의 신뢰성을 가지고 있어 기존 광원보다는 훨씬 수명이 길다.

② 고발광효율

발광효율은 백열전구보다는 높지만 형광 램프나 HID 램프와 비해서 아직 낮은 것이 현실이다. 현재 실용화되고 있는 레벨의 것은 30~40 lm/W이고 백열전구의 2~3배, 형광 램프나 HID 램프의 약 1/2~1/3이다.

│표 1.4-1│ LED램프와 기존광원의 비교[1], [2]

광원 특성항목	LED 램프 (청색 LED＋황색 발광 형광체)	백열전구	형광 램프 (통상 타입)	HID 램프
발광강도 (전광속)	고출력품 30~60 lm (입력 1~2 W)	800 lm (60 W)	3,100 lm (40 W)	40,000 lm (400 W)
발광효율 (램프효율)	30~40 lm/W	17 lm/W	68~84 lm/W	100 lm/W
에너지변환율 (가시광)	15~20 %	8~14 %	25 %	20~40 %
발광 스펙트럼	470 nm와 575 nm에 2개의 산	400 nm부터 700 nm까지 단조하게 증가	형광체 2개의 산과 440 nm, 550 nm, 570 nm의 수은 의 휘선이 겹침.	
색온도	4,600~15,000 K	2,400~3,000 K	4,200~6,500 K	3,800~6,000 K
연색성 (평균연색평가수)	72	100	61~74	65~70
수명	통상품 수만 시간 대출력 2만 시간	1,000시간	12,000시간	12,000시간
발열	열손실 80~90 %	열손실 ＋ 적외방사 90 %	열손실 ＋ 적외방사 75 %	열손실 ＋ 적외방사 80 %
응답성 (전원투입부터 정 상점등에 이르는 시간)	100 ns 이하	0.15초~0.25초	1~2초	나쁨. (밝기가 안정되는 데 몇 분 걸림)
지향성	렌즈 부착 (포탄형 등)은 지 향성 있음.	등방성 반사판 부착은 지향성 있음.	등방성 반사판 부착은 지 향성 있음.	등방성 반사판 부착은 지향성 있음.
전류-광출력 (광출력∝전류의 n승)	비례관계 (약간 포화) n은 1보다 약간 작음	n＝6 정도	비례관계 (약간 포화) n은 1보다 약간 작음.	비례관계 (약간 발산) n은 1보다 약간 큼.
온도-광출력	온도의존성 작음.	온도의존성 작음.	온도의존성 큼. 상온에서 최고 효 율로 설계	온도의존성 작음.

(주) HID 램프(High Intensity Discharge Lamp) : 고휘도 방전 램프(2005년 10월 현재)

따라서 전력 절약화를 도모한다는 의미로는 백열전구를 대신하여 LED를 사용하는 것이 극히 효과적이라 할 수 있다.

최근 기술개발로 발광효율은 수년 후에 100 lm/W를 달성할 것이라고 알려져 있어서 발광효율의 면에서도 형광 램프나 HID 램프를 따라잡을 것으로 기대되고 있다.

③ 저발열량

가시광 영역의 에너지 변환율을 보면 LED는 10~20 %로 백열전구와 거의 같거나 약간 높은 레벨이다. 이에 비해 형광 램프나 HID 램프는 20 % 이상으로 LED보다 높다. 전 입력 전력 중 가시광 영역의 방사 이외의 부분은 적외 영역의 방사(발열)가 직접 열로 변환되기 때문에 LED는 백열전구보다는 발열이 적은 것이 장점이다.

④ 고속응답성

LED는 반도체의 전자−정공 재결합에 의한 직접적인 발광현상을 이용하고 있기 때문에 발광의 응답시간이 100 ns 이하로 매우 짧다. 그러나 실제 응답속도는 구동회로 등에 따라 제약이 있다. 한편 백열전구는 전류를 흘리고 나서 발광강도가 어느 정도에 이르는 데 0.15~0.25초나 걸려 극히 늦다. 따라서 순간적 반응이 필요한 자동차용 스톱 램프 등에는 LED가 적합하다. 한편, 방전 현상을 이용하는 형광 램프나 HID 램프는 방전의 개시나 안정화를 위해 여러 가지 부가회로를 사용하고 있기 때문에 응답시간은 LED에 비해서 느리다.

⑤ 내충격성

광학특성 이외의 면에서는 기존 광원이 모두 유리관을 사용하고 있어서 진동이나 충격에 약하다는 결점이 있는 반면 LED는 유리관을 전혀 쓰지 않아 진동이나 충격에 강하다는 장점이 있다. 따라서 차량, 전동차 등의 이동체, 진동이 심한 제조기계, 작업환경이 열악한 공장 등, 그 장점을 살린 응용분야에서의 LED의 활용이 기대되고 있다.

⑥ 소형·경량

LED는 반도체 재료로 이루어진 고체광원이고 소형·경량이어서 다양한 디자인에 응용이 된다.

　　따라서 기존 광원으로는 실현하기 곤란한 좁은 공간에서의 조립이나 자유로운 형태의 조명설계가 가능하여 기존 광원의 크기나 중량으로 제한을 받을 수밖에 없었던 기기·설비·차량 등의 디자인에 대해서도 보다 자유로운 활용이 가능하다는 효과가 있다.

　　⑦ 대(對) 환경성

　　LED는 형광 램프에 비해 수은 등과 같은 유해물질을 사용하지 않기 때문에 환경보전에 유효하다. 적색 LED 등으로 GaAs기판을 사용한 것이 있어서 환경성의 문제가 지적되기도 하지만 최근에는 GaAs를 재료로 쓰지 않는 대체기술의 개발도 진행되고 있어 환경적으로 한층 더 개선이 이루어질 것으로 기대되고 있다.

(2) LED 광원의 과제

① 발광강도(전 광속)가 낮음

　　LED는 수백 미크론 각의 반도체이며 칩에 흘릴 수 있는 전류는 수십 mA(밀리암페어), 전압은 약 3 V이다. 따라서 전력은 약 100 mW(0.1 W)로 지극히 낮아 발광효율이 높더라도 발광강도는 그다지 높일 수 없다. 즉, 입력전력이 기존 광원에 비해 낮기 때문에 발광강도가 약한 것이다.

　　최근에는 대전류를 흐르게 할 수 있도록 칩을 대형화하거나 여러 개의 칩을 기판상에 나열하여 전체적으로 대전류를 흐르게 할 수 있게 함으로써 수 W급 전력으로 구동할 수 있는 LED 광원도 개발되어 있다.

　　장래에는 다수의 칩을 탑재한 광원의 설계, 방열설계나 광취출 기술의 개발로 기존 광원에 필적하는 발광강도의 LED 광원이 개발될 것으로 기대된다.

② 연색성 등의 개선

　　LED는 기존광원에 비해 연색성이 나쁜 편이라 아직 개선이 필요하다. 상세한 것은 다음 단락에서 기술하겠지만 LED 조명의 용도를 넓히기 위해서는 연색성·색온도 등의 개선이 앞으로의 과제이다.

1.4.2 광학 특성

여기서는 「표 1.4-1」을 토대로 주된 LED와 기존광원의 광학 특성을 비교하겠다.

(1) 색온도

백색 LED 발광의 색온도는 램프에 따라 차이가 크다. 소자의 청색 발광 파장과 황색 발광의 형광체 조합으로 백색을 만들기 때문에 발광 파장의 차이나 형광체 양의 차이 등에 따라 색온도 분포가 넓다. 그 때문에 램프 제조사에서는 색도좌표 상에서 몇 가지의 구분 영역을 정하여 분류하고 있는 실정이다.

분류는 흑체궤적의 선과 그것에 수직으로 교차하는 등색온도선에 의해 몇 가지 영역으로 구분 되는데 보통 LED는 색온도가 4,600 K에서 15,000 K까지 분포하고 있다. 이러한 수치는 백열전구에 비해 높으며, 형광 램프나 HID 램프의 색온도에 가깝다고 할 수 있다. 그래서 이른바 난색 계통의 조명을 필요로 하는 사람들을 위해 황색 발광의 성분을 늘려서 색온도를 2,500 K에서 4,600 K로 한 전구의 색을 띤 제품도 판매되어 있다. LED는 설계의 자유도가 크다고도 할 수 있다.

(2) 연색성

어떤 물체의 색이 어느 정도 정확히 보이는가 하는 이른바 연색성에 대해서는 평균연색 평가수(R_a)를 통해 비교한다. 보통 백색 LED의 평균연색 평가수는 (R_a)72 정도로, 통상의 형광 램프와 거의 같다. 앞에서 설명한 전구색 제품의 경우에도 그 수치가 (R_a)80 정도로 백열전구의 연색성에는 아직 못 미친다. 그러나 최근에는 단파장 LED와 RGB 3색의 형광체를 통해 평균연색 평가지수가 (R_a)90 정도의 제품도 판매되고 있어, 앞으로 한층 더 개선이 기대되고 있다.

(3) 발광 스펙트럼

백색 LED의 발광 스펙트럼을 나타내면 「그림 1.4-1」과 같다.

발광 스펙트럼은 소자의 청색 발광 스펙트럼(피크 파장 470 nm)과 그것에 의해 여기된 형광체의 발광 스펙트럼(피크 파장 575 nm)이 합성된 것이다.

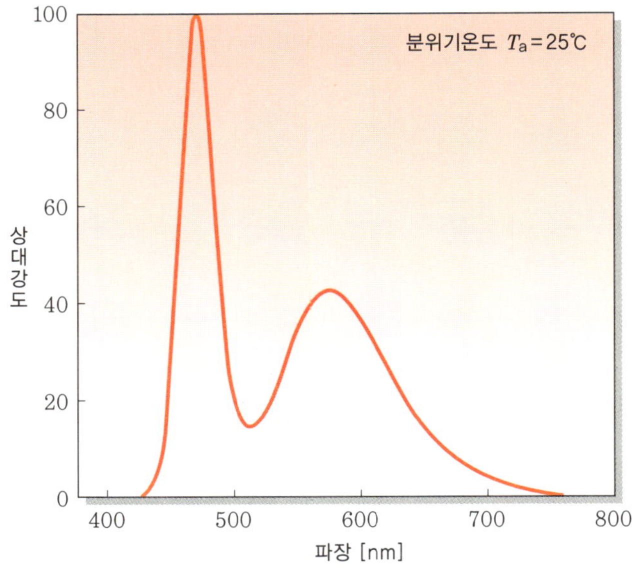

|그림 1.4-1| 백색 LED의 발광 스펙트럼

청색과 황색의 발광 스펙트럼의 정점을 비교하면 거의 2 : 1의 비율이지만 앞에서 서술한 소위 전구색을 띤 백색 LED에서는 이 비가 거의 1 : 1로 비슷한 것을 볼 수 있다.

반면에 기존 광원의 발광 스펙트럼을 보면 백열전구의 경우「그림 1.4-2」와 같이 파장 400 nm에서부터 연속하여, 동시에 가시광 영역에서는 장파장 측에 비슷하게 증가하는 특성을 지니고 있다.

그림에서는 나타내지 않았지만 스펙트럼은 적외 영역까지이고 2,000 nm

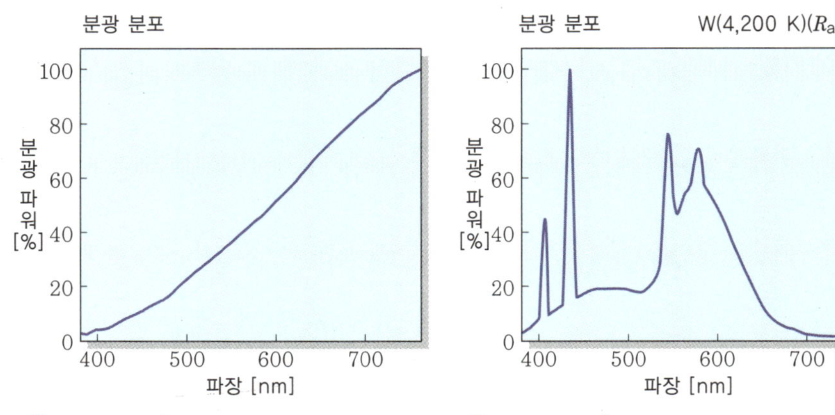

|그림 1.4-2| 백열전구의 발광 스펙트럼   **|그림 1.4-3|** 형광 램프의 발광 스펙트럼

에 이르는 넓은 스펙트럼을 지니고 있다. 또 형광 램프의 발광 스펙트럼은 「그림 1.4-3」에 나타낸 것과 같이 방전에 의한 수은의 휘선(약 440 nm, 550 nm, 570 nm 등)과 형광체의 발광 스펙트럼(460 nm, 580 nm에 산을 가진 연속한 스펙트럼)이 합성된 것이다.

(4) 지향성

LED 램프는 포탄형의 형상으로 수지로 몰드(mold)되어 있고 빛은 포탄형 모양으로 전방으로 집중된다. 발광강도의 각도분포(지향특성)는 「그림 1.4-4」와 같다.

이 사례에서 보면 시야각(반치전각. 발광강도가 피크치의 절반이 되는 곳에서 취한 빛의 출사각도)은 30°이다. 소자의 발광효율이 같은 경우에는 포탄형의 렌즈 형상이 빛을 보다 집중할 수 있도록 시야각을 좁게 하면 축상의 발광강도(광도)는 높아지지만 중심을 벗어나면 갑자기 어두워진다는 문제가 있다. 반대로 시야각을 넓게 하면 축상의 광도는 낮아지지만 약간 중심에서 어긋나더라도 광도는 그다지 낮아지지 않아 광학계의 설계 상에 여유가 생긴다. 현재 시판되고 있는 램프의 시야각은 15°에서 50°인 것까지 있는데 각각의 장점을 살려서 용도에 맞도록 사용해야 한다.

한편, 기존 광원인 백열전구, 형광 램프는 모두 발광이 모든 방면에 넓어져 있고, 발광을 효율적으로 이용하려면 반사판 등의 부가적인 장치 추가가 필요하다.

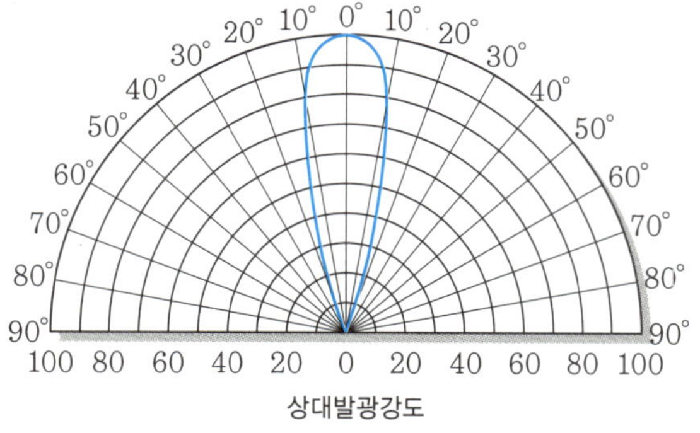

|그림 1.4-4| LED 램프의 지향특성

(5) 전류-광출력 특성

LED는 pn접합의 순방향 전류에 의한 전자-정공발광 재결합을 이용하고 있고, 발광강도는 전류에 비례하여 증가한다. 전류가 보통 정격을 초과하는 영역에서는 발열 등의 문제 때문에 발광강도가 비례하여 증가하지 않는 이른바 포화현상이 발생하는 경우도 있지만, 보통 사용 영역에서의 광출력은 전류에 비례한다. 「그림 1.4-5」에서 전류-광출력 특성의 일례를 보여준다.

이에 비해 백열전구의 경우는 전류가 증가하면 발광강도도 증가한다는 점에서는 LED와 동일하지만 증가의 비율은 반드시 비례한다고 할 수는 없다. 한 예로서 입력전력이 5 % 증가할 때 광속은 20 % 증가한다는 데이터도 있다.

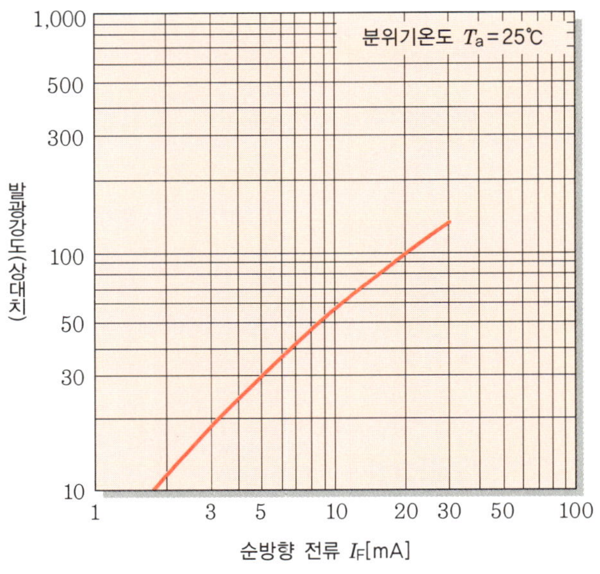

|그림 1.4-5| 전류-광출력 특성

(6) 온도-광출력 특성

LED의 광출력은 다른 광원에 비해 온도 의존성이 적다. 「그림 1.4-6」에 나타낸 바와 같이 −20 ℃에서 80 ℃까지 범위의 온도 상에서 광출력의 변화는 적다.

이에 비해 기존 광원의 경우는 형광 램프의 광출력은 온도 의존성이 강하다. 특히 저온에서 광출력이 급감하여 −10 ℃에서의 발광강도는 실온의 40 %에 불과하다는 데이터도 있다. 이런 점에서도 LED는 사용하기가 쉬운 광원이며 따라서 조명분야에서의 응용이 기대된다.

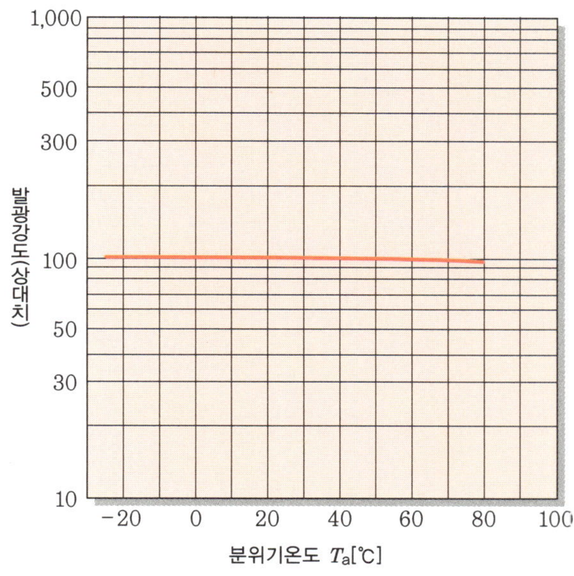

|그림 1.4-6| 온도-광출력 특성

1.4.3 전기 특성

(1) 극성

LED는 백열전구나 형광 램프와 달리 극성이 있으므로 사용 시 주의가 필요하다.

LED는 pn접합의 반도체이며 소자의 p형 반도체 측에 접속된 단자를 애노드(anode), n형 반도체 측에 접속된 단자를 캐소드(cathode)라고 부른다. 따라서 전류를 흘릴 때에는 +측에 애노드, −측에 캐소드를 접속해야 하며, 이 극성을 잘못 접속하면 불이 켜지지 않을 뿐만 아니라 LED에 손상을 입히게 된다. 특히 LED의 역내압은 수 V밖에 되지 않기 때문에 교류가

(a) 포탄 타입(ϕ 5 mm)

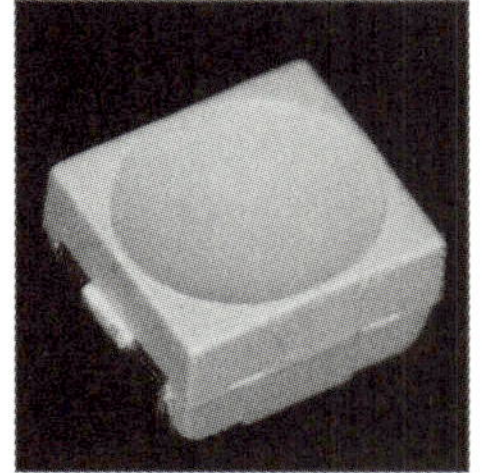

(b) SMD 타입
[3.5 mm(W)×2.8 mm(L)×1.9 mm(H)]

|그림 1.4-7| LED 외형형상의 예

인가될 회로에는 접속해서는 안 된다. 어떻게 해서라도 접속해야 할 경우에는 역접 다이오드를 삽입해야 한다.

「그림 1.4-7」은 대표적인 LED 외형 형상을 보여준다. 일반적으로 포탄 타입에서는 애노드 측의 리드가 길게 되어 있고, SMD(Surface Mounting Device : 표면실장부품) 타입에서는 캐소드 측에 마킹이 들어 있지만, 제품에 따라 다를 수도 있으므로 주의가 필요하다.

(2) 전압-전류 특성

LED의 소자는 pn접합이므로 일반적인 다이오드와 마찬가지로 다이오드 특성을 지니고 있다. 또 순방향에 전류를 흐르게 하면 순전압이 발생하지만, 그 순전압은 발광소자의 재질에 따라 다르다.

대표적인 특성을 「그림 1.4-8」과 같다. 이처럼 다이오드 특성을 지니고 있는 것이 기존 광원과의 큰 차이로 LED를 점등시킬 때에는 반드시 전류제한 저항을 삽입해야 한다. 전류제한 저항이 없으면 인가전압의 변동에 의해 순전압 이상의 전압이 인가될 때 과대전류가 흘러서 LED가 손상을 입게 된다. 또 전압-전류의 특성을 보아도 알 수 있듯이 조금이라도 전압이 변동하면 전류는 크게 변동한다. 즉 밝기가 크게 변동하여 안정적이지 않으므로 인가전압은 순전압 이상으로 하여 전류제한 저항을 삽입할 것을 권한다.

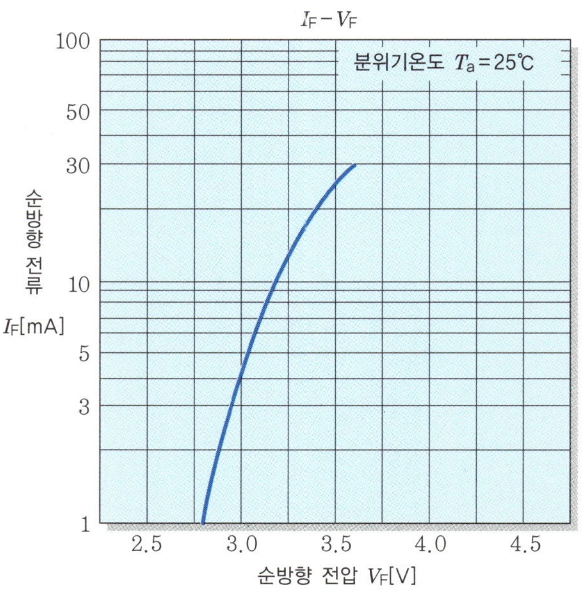

|그림 1.4-8| 전압-전류 특성의 예

같은 형상이 LED의 병렬접속에서도 나타난다. LED의 전압−전류 특성은 제품마다 차이가 있으며 병렬로 접속한 경우 LED의 순전압값은 가장 낮다. 그때 전압−전류 특성이 낮은 LED에는 많은 전류가 흐르고 전압−전류 특성이 높은 LED에는 전류가 조금 밖에 흐르지 않게 된다.

이로 인해 LED 사이의 밝기에 차이가 생기게 되고, 외견상 문제가 될 경우가 있으며 그 차가 큰 경우에는 LED의 파손에 이르는 경우도 있다. 따라서 어쩔 수 없이 LED를 병렬접속해야 할 경우에는 전압−전류 특성이 일치되어 있는 것을 사용해야 한다.

LED는 다이오드 특성을 지니고 있지만 정류 다이오드 만큼 역내압을 지니고 있지는 않다(일반적으로는 수 V). 또 제품에 따라서는 정전기를 보호하기 위하여 보호 다이오드가 내장되어 있는 것도 있다. 이런 제품에 역전압이 인가되면 단락되어 버리므로 사용 시 역전압이 인가될 가능성이 있을 경우에는 역접 다이오드를 삽입해야 한다.

(3) 온도−전압 특성

LED의 순전압에는 반도체 특유의 마이너스(−) 온도 특성이 있어서 온도가 높아짐에 따라 순전압은 낮아지게 된다. 대표적인 특성을 「그림 1.4−9」에서 볼 수 있다.

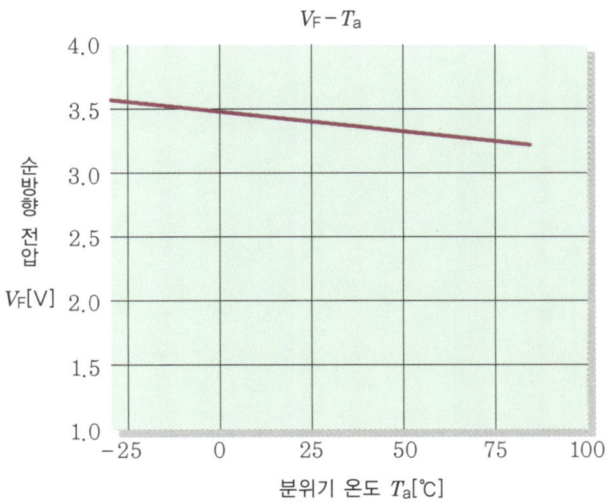

|그림 1.4−9| 온도−전압 특성의 예

1.4.4 신뢰성 등

(1) 디레이팅 곡선(derating curve)

LED의 신뢰성은 사용온도에 따라 크게 영향을 받아, 사용온도가 높아지면 고장률도 높아진다. 그것은 LED의 소자 때문이 아니라 사용하고 있는 봉지수지나 수지 케이스가 고온이 될수록 열화가 빠르게 되는 것에서 비롯된다. 또 LED의 내부온도는 통전전류가 많아질수록 높아지고, 봉지수지나 수지 케이스의 열화도 빨라진다. 여기서 디레이팅 곡선이 필요하다.

디레이팅 곡선라는 것은 주위온도(장치가 아닌 LED가 설치된 환경 온도)에 대한 사용가능한 전류를 말하는 것으로, 주위온도가 높아짐에 따라 전류는 낮아진다. 대표적인 특성은 「그림 1.4-10」과 같으며, 이때 이 곡선의 안쪽이라면 충분한 수명을 얻을 수 있다. 이 곡선은 LED 패키지의 방열성에 의해 변화가 오게 되므로, 제품에 따라 다르다. 수백 mA를 통전하는 최근의 파워 LED에는 패키지의 방열성이 좋아지고 있어서, 실장하는 기판 등에서의 방열성에 좌우되는 경우도 늘어나고 있다. 이런 경우에는 실장하는 기판의 방열특성마다 디레이팅 곡선을 설정하기도 한다.

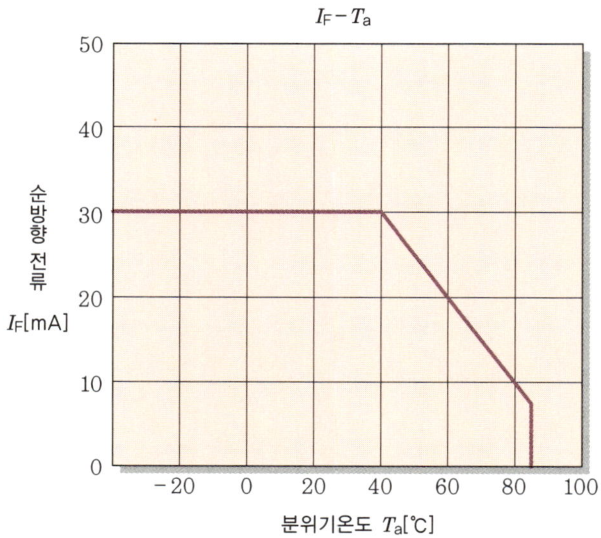

| 그림 1.4-10 | 디레이팅 곡선의 예

(2) 내열

LED는 빛을 밖으로 내기 때문에, 에폭시 등의 투명수지에 의해서 몰드되어 있다. 이러한 투명수지에는 첨가제를 넣을 수 없기 때문에 일반적인 에폭시 수지보다도 내열성이 낮다. 이 때문에 LED의 내열성은 전구나 형광 램프보다도 낮아지므로 사용 시에는 LED가 고온에 노출되지 않도록 배려가 필요하다. 특히, LED의 주변에 저항기 등의 발열체를 배치하지 않도록 염두해 둬야 한다. LED가 내열온도 이상의 고온에 노출될 경우, 광도의 열화가 빨라질 뿐만 아니라, 소자와 접속하고 있는 금 와이어의 단선이나 소자를 고정하고 있는 은 페이스트가 벗겨지거나 하여 점등하지 않는 경우도 있다. LED가 가장 고온에 노출되는 경우로는 실장 시 납에 의한 고온이 있으므로, 이에 대한 충분한 확인이 필요하다.

(3) 정전내압

LED는 반도체 제품이기 때문에 백열전구나 형광 램프에 비해서 정전기에 약한 것이 특징이다. 따라서, 실제로 제품을 사용할 때의 환경이나 조립공정에서의 정전기에 대한 주의가 필요하다. 또, 발광소자의 재질에 따라서도 그 내압은 크게 달라지므로 주의해야 한다. 정전기에 대한 보호를 위해 LED 패키지 안에 보호 소자를 삽입한 제품도 있다.

1.4.5 기타

(1) 형상

LED는 백열전구나 형광 램프와 달리 규격으로 정해진 형상은 없다. 일반적으로 포탄 타입이라고 불린 것은 $\phi 3$ mm, $\phi 5$ mm의 형상이 대부분이다. SMD 타입이라고 불린 것에는 여러 가지 종류의 형상이 있다. 비슷한 형상의 LED도 많이 존재하지만 제조회사에 따라 조끔씩 차이가 있는 경우도 있다.

대표적인 형상은 「그림 1.4-7」에 표시한 바와 같다. 최근에는 기판 등에의 탑재성이 좋다는 이유로 SMD 타입이 주류를 이루고 있다. 또한 수 백 mA를 통전할 수 있는 파워 LED도 시중에 나오기 시작하여 그런 것들의 형상은 제조업체에 따라 전혀 다르다.

(2) 구동회로

LED를 점등시키기 위해서는 백열전구나 형광 램프와는 다른 구동회로가 필요하다. 가장 일반적인 회로로서는 정전압회로가 있다. 정전압회로라는 것은 LED의 순전압 이상의 일정전압을 공급하는 전원으로부터 전류제한저항을 통해서 LED에 전류를 흘리는 회로를 말한다.

이 구동회로의 경우 LED의 순전압과 전원전압의 차가 적을수록 전원전압이 변동했을 때에는 전류 값이 크게 변화하고, LED의 밝기가 크게 변하기 때문에 전압의 변동 폭을 잘 확인하여 직렬로 접속하는 LED의 수를 결정할 필요가 있다. 또 앞에서 설명한 바와 같이 순전압의 온도특성에 의한 영향 때문에 주위 온도에 따라 전류가 변하고 밝기도 변하게 된다.

이것이 문제가 된 경우에는 정전류회로에서의 구동은 고려해볼 수 있다.

또 LED는 백열전구에 비하여 응답성이 대단히 좋기 때문에 순간의 펄스에서도 점등해 버린다. 사람의 눈에 대한 응답성은 대단히 좋고 순간의 펄스로 의해 점등되는 경우도 있으므로 주의가 필요하다. 또 LED는 전구와 달리 미소전류에서도 점등하므로 회로상에서의 누설 전류로 인한 미등에도 주의가 필요하다. 수 μA의 전류라도 어두운 곳에서는 판단할 수 있으므로 암실 등에서의 확인을 권한다.

[참고문헌]

(1) 「LED가 螢光燈을 앞지른다」, 日經일렉트로닉스, 第898號, 2005.
(2) 河本康太郎 :「照明學會 第38回 全國大會 講演論文集」, p.311, 2005.

1.5 LED 패키지의 구조와 구성부품 재료

1.5.1 LED 패키지의 구조

LED 패키지의 구조에는 포탄형과 표면 실장형(SMD) 등이 있으며, 그 각각의 모식도는 「그림 1.5-1」, 「그림 1.5-2」와 같다.

포탄형 LED 패키지는 리드 프레임(lead frame)과 일체화된 컵 내에 LED 칩이 장착되어 있으며 그 주위를 에폭시 수지가 포탄형으로 감싸고 있다. ϕ 3 mm나 ϕ 5 mm의 사이즈가 주류를 이루며 리드 프레임은 철이나 동합금제로 은도금되어 있다. 에폭시 수지는 칩을 외부로부터 보호하는 동시에 LED 칩과 공기 가운데 굴절률을 가져옴으로써 칩으로부터 빛을 효율적으로 빼내는 역할을 한다. 백색 LED의 경우는 리드 프레임의 컵 내에 형광체를 분산시킨 수지를 봉입하여 그 주위를 포탄형에 에폭시 수지로 몰드한다.

표면 실장형 LED 패키지는 다양한 형태가 있지만, 세라믹이나 수지 등으로 만든 구멍(cavity) 안에 LED 칩을 장착하고 구멍에 에폭시나 실리콘 등의 수지를 봉입한다. 구멍 안쪽 면은 리플렉터(반사판)의 기능을 하고, 테이퍼(taper)형으로 위쪽에 펼쳐지며 지향성을 높인 타입이 많다.

백색 LED의 경우는 이 봉입수지에 형광체를 분산시킨다.

입출력전극(anode : 양극, cathode : 음극)이나 칩 탑재전극은 수지기판의 경우에는 동합금에 금도금이나 은도금을 입히고 세라믹 기판의 경우에는 텅스텐이나 몰리브덴에 금도금이나 은도금을 입힌다.

표면실장형의 LED에서는 에폭시나 실리콘 수지 혹은 유리 등으로 만든 렌즈를 설치하여 한층 더 지향성을 높인 타입이나 밑면에 구리 등의 히트 싱크(heat sink : 방열판)를 설치하고 방열성을 높여 대전류 투입을 가능하게 한 타입도 있다.

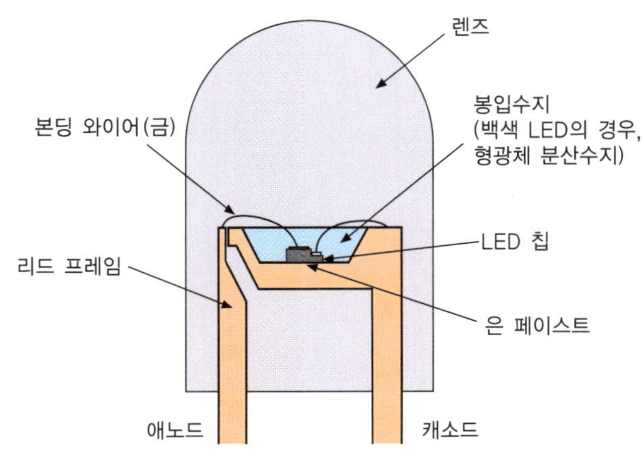

|그림 1.5-1| 포탄형 LED 패키지

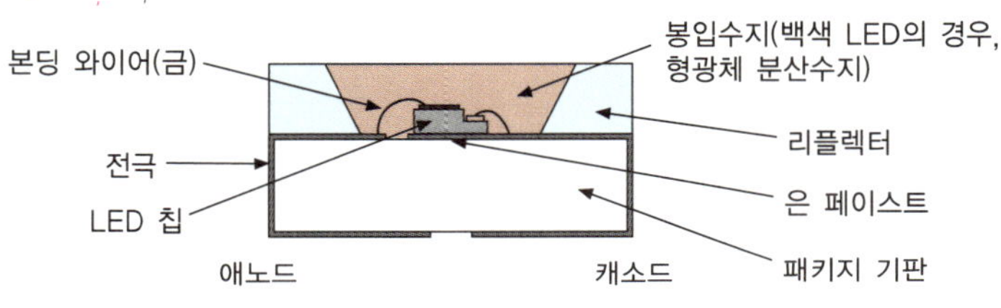

|그림 1.5-2| 표면실장형 LED 패키지

1.5.2 구성부품의 재료

(1) 칩(LED 소자)

우선, 대표적인 칩(LED 소자)인 InGaN계 LED 소자를 「그림 1.5-3」을 통해 알아보자. InGaN계 LED 소자는 자외광, 청색광, 녹색광의 폭넓은 빛을 발광한 백색 LED용의 광원으로도 사용되고 있다.

발광에 영향을 주는 반도체층은 사파이어(sapphire) 기판 위에 n형 질화물 반도체층(n-GaN : Si)과 발광층(InGaN) 및 p형 질화물 반도체층(p-GaN : Mg)으로 형성된다.

다음으로 전기를 반도체층에 흐르게 하기 위한 전극은 p형 질화물 반도체층 위에 투명전극(Au/Ni), p측 전극 패드로 구성된 플러스측 전극, n형 질화물 반도체층 위에 n측 전극 패드를 배치한 마이너스측 전극으로 구성되어 있다. 특히, 소자를 지키는 보호층(SiO_2)은 가장 표면에 붙어 있다.

시판되고 있는 InGaN계 LED 소자는 밝은 빛을 내기 위해 「그림 1.5-3」에 나타내는 구조보다 훨씬 복잡한 구조를 지니고 있으므로, 취급할 때에는 충분한 주의가 필요하다.

　그러나 보통 LED 램프나 밀폐된 패키지로 시판되고 있으므로 LED 칩(소자)을 직접 취급하는 일은 없다고 생각된다.

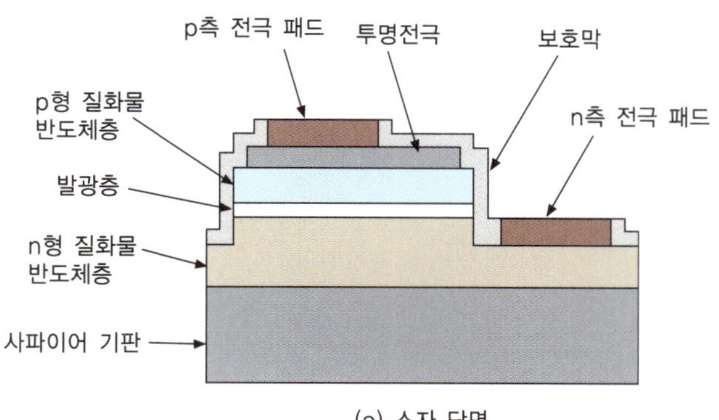

(a) 소자 단면

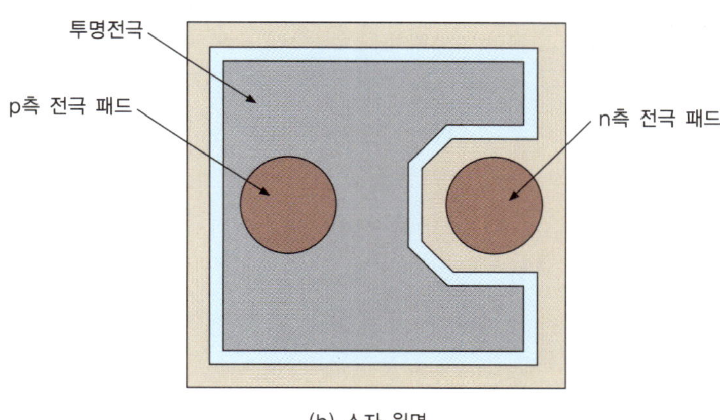

(b) 소자 윗면

|그림 1.5-3| InGaN계 LED 소자

(2) 형광체

① LED용 형광체의 발광 메커니즘

㉠ 형광체

　형광체란 전자선·X선·자외선·전계(電界) 등의 에너지를 흡수하고, 이 흡수된 에너지의 일부를 효율적으로 가시광선으로 방출(발광)하는 물질을 말한다.

　LED용 형광체는 LED로부터 방출된 청색광을 흡수하여, 녹색·황색·적색광을 발광하는 역할을 한다. 형광체는 무기화합물로「그림 1.5-4」와 같이 크기가 1~수십 μm (1 μm = 0.001 mm)인 분말입자이다. 형광체로서의 성질을 지니기 위해서는 모체라고도 불리는 화합물 A에 부활제(付活劑 : 발광중심이라고도 한다)라고 불리는 원소 B를 도입한 것이 일반적으로 사용되고 있다. 형광체를 기호로써 표시할 때는 보통, 모체 A와 부활제 B와의 사이에 콜론(colon)을 넣어 A : B로 기록한다.

|그림 1.5-4| 형광체의 전자현미경 사진

ⓛ 발광 스펙트럼과 여기 스펙트럼

가시광은 파장이 대략 380 nm부터 780 nm(1 nm＝10^{-9} mm)인 전자파의 일종이다. 가시광선의 색은 380 nm의 청자색부터 시작하여 장파장이 됨에 따라 청색·청록색·녹색·황색·주황색·적색으로 변화해서 780 nm의 심적색으로 끝난다. 빛은 이처럼 파(波)의 성질을 가지고 있지만, 20세기 초에 확립된 양자론(量子論)에 의하면 포톤(photon : 光子, 광자)이라고 불리는 빛의 입자의 성질도 가지고 있다. 빛의 파장을 λ라고 하면 포톤의 에너지는

$$E = \frac{hc}{\lambda} \; (h\text{는 프랑크 상수, } c\text{는 진공 중의 빛의 속도})$$

가 된다. 형광체의 발광현상은 이 포톤의 개념을 이용해서 설명할 수 있다.

많은 물질에 포톤을 쬐면 포톤의 일부는 물질에 일단 흡수되었다가 보다 긴 파장의 포톤 또는 열로서 방출된다. 방출되는 포톤이 가시광 영역에 있고, 방출효율이 비교적 높은 물질을 형광체라고 부른다. 형광체는 발광 스펙트럼과 여기 스펙트럼으로 그 발광특성을 알

수 있다. 발광 스펙트럼은 형광체로부터 나오는 빛을 분광기로 분광하여, 각 파장마다 발광강도를 도표로 나타낸 것이며, 여기 스펙트럼이라는 것은 어떤 파장의 빛을 형광체에 쬐었을 때, 형광체가 발광하는가를 나타낸 것이다.

ⓒ 배위(配位)좌표 모델

LED 형광체의 발광 메커니즘은 일반적으로 배위좌표 모델(「그림 1.5-5」)로 설명된다. 그림의 세로축은 형광체 속의 부활제(付活劑 : activator) 원자의 에너지를, 가로축은 형광체 결정 속에서 부활제 원자와 인접하는 원자와의 거리를 상징하는 배위좌표로 표시된다. 청색 포톤이 형광체에 흡수되면 형광체 속의 부활제 원자가 기저상태 곡선의 점 A에서 여기상태 곡선의 점 B로 수직천이가 일어난다. 다음으로 주위에 에너지를 격자진동 또는 열로 방출하여, 점 B에서 점 C로 이동한다. 이 점 C로부터 기저상태 곡선상의 점 D에 수직 천이하여 포톤을 방출(발광)한다. 이 발광 포톤의 에너지는 흡수 포톤의 에너지보다 작으므로 발광 파장은 흡수 파장의 청색보다 길어지고 녹·적색 등의 발광을 나타낸다.

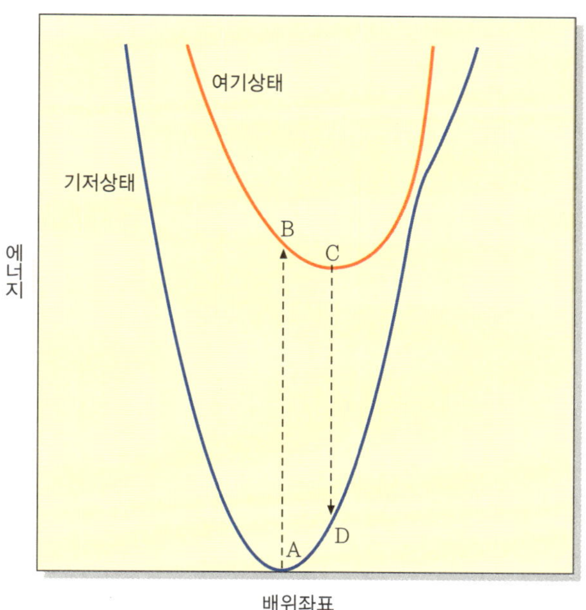

그림 1.5-5 배위좌표 모델

② 개개의 LED 형광체의 특성(산화물, 질화물)

형광체는 전술한 바와 같이 형광체의 모체 A와 부활제(付活劑) B로 구성되어 있다. 고효율의 형광체를 얻기 위해서는 적당한 형광체 모체 A를 탐색하는 것이 중요하고, 어떤 물질이 양호한 형광체 모체가 될 수 있는지를 추측하는 것은 상당히 어려운 문제이다.

LED용 형광체의 모체로서는 오래전부터 산화물이 알려져 있고, 지금도 사용되고 있다. 최근에는 LED 형광체의 모체로서 질화물이 주목되어 활발히 연구되고 있다. 부활제에는 유로피움(Eu), 셀륨(Ce) 등의 희토류 원소가 주목받고 있다. LED 형광체의 개발은 그 역사가 얼마 안 되지만 현재까지 알려져 있는 형광체에 대해서 다음과 같이 개략적으로 알려져 있다.

㉠ 산화물 형광체

LED 형광체로서 가장 잘 알려져 있는 형광체는 형광체 모체가 알루미늄산이트륨(YAG라고도 한다. Yttrium Aluminum Garnet의 약자. 화학식은 $Y_3Al_5O_{12}$)에 부활제(付活劑)로서 셀륨(Ce)을 도입한 YAG : Ce형광체이다.

「그림 1.5-6」에 있는 여기 스펙트럼은 형광체의 발광강도가 여기파장에 의해 어떻게 변하게 되는지를 나타낸 것이며, 발광 스펙트럼은 460 nm인 청색광을 조사했을 때 발광을 나타낸 것이다[1]. 약 560 nm에 발광피크를 갖는 폭 넓은 황색계의 발광인 것을 알 수 있다. 이 발광여기 스펙트럼으로부터 YAG 형광체가 460 nm 부근에서 청색광을 쬐면 효율적으로 황색을 발광하는 것을 알 수 있다. 이 형광체는 $Y_3Al_5O_{12}$ 모체인 Y의 일부를 다른 Gd, Tb 등으로 치환하고 Al의 일부를 Ga 등으로 치환하여 모체구조를 변경함으로써 발광 피크 위치를 장파장측 또는 단파장측에 옮길 수 있다.

기타 산화물 형광체로서는 규산스트론튬·바륨$(Sr, Ba)_2SiO_4$에, 부활제로서 유로피움(Eu)을 도입한 $(Sr, Ba)_2SiO_4 : Eu$ 형광체가 알려져 있다. 이 형광체계는 Sr와 Ba의 조성비를 바꿈으로써 녹색에서부터 주황색까지 발광색을 조정할 수 있다[2].

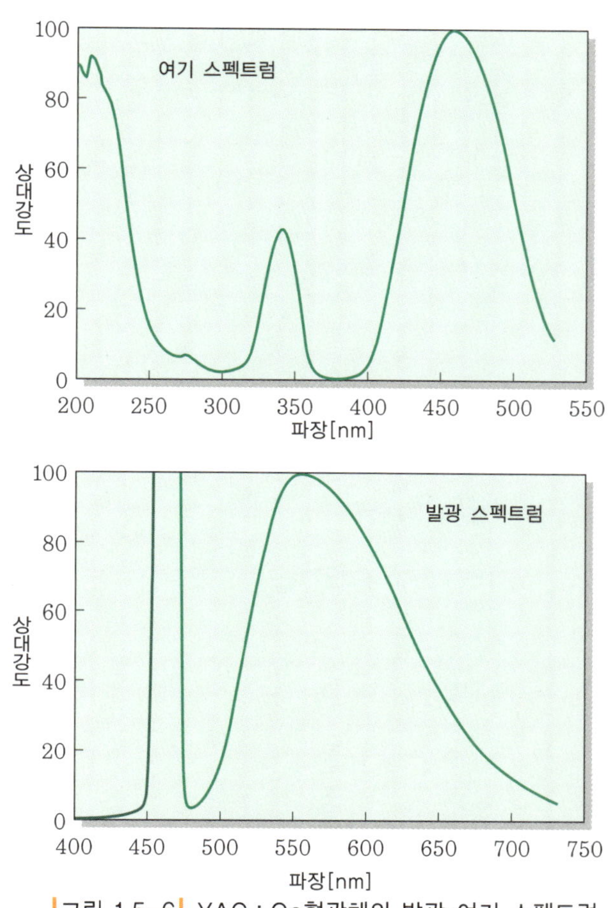

|그림 1.5-6| YAG : Ce형광체의 발광·여기 스펙트럼
(460 nm의 피크(peak, 정상)는 여기광에 의한 것)

ⓛ 질화물 형광체

형광체의 역사는 길지만, 실용적 형광체로서 질화물 및 산질화물이 등장하게 된 것은 극히 최근의 일이며, 특히 LED용 형광체로서 주목을 모으고 있다. 이 중에서 유망한 형광체로서는 α-사이아론 형광체 $Ca_p(Si, Al)_{12}(O, N)_{16}$: Eu가 황색 발광 형광체로서 알려져 있다. 적색 형광체로서는 $CaAlSiN_4$: Eu를 들 수 있다. 이와 같은 형광체의 여기발광 스펙트럼은 「그림 1.5-7, 8」과 같다.[3], [4] 그렇지만 질화물 형광체는 형광체 제조 시 핫프레스 등의 고압하에서의 처리 등 보통 형광체 제조법인 대기압에서의 합성보다도 번잡한 공정을 필요로 할 경우도 있으므로 앞으로 제품을 실용화 하기 위해서는 보다 단순한 합성 방법의 개발이 요구된다.

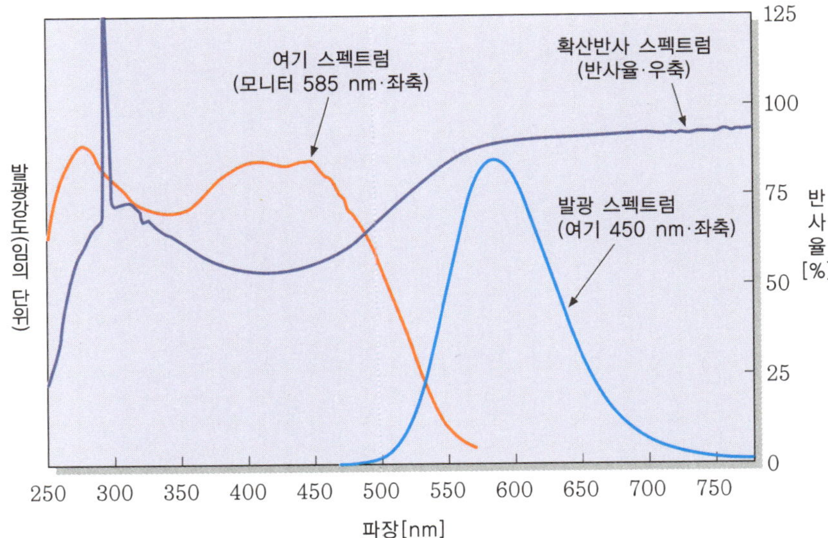

|그림 1.5-7| $Ca_p(Si, Al)_{12}(O, N)_{16}$: Eu 형광체의 여기·발광 스펙트럼

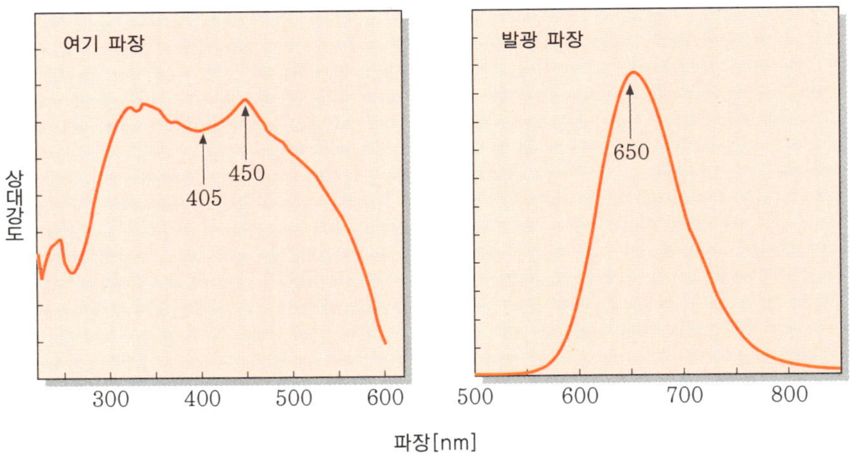

|그림 1.5-8| $CaAlSiN_4$: Eu형광체의 여기·발광 스펙트럼

(3) 수지·패키지 기판·리플렉터

① 포탄형 LED

포탄형 LED 패키지(「그림 1.5-1」)는 리드 프레임과 일체화로 형성된 컵 속에 LED 칩이 실장되어, 그 주위를 에폭시 수지로 포탄형으로 몰드한 것이다.

리드 프레임은 철이나 동합금제로 은도금되어 있다. 몰드 수지는 투명 타입의 비스페노르(bisphenol) A 글리시딜 에테르(glycidyl ether)나 비스페노르 F 글리시딜 에테르 등의 에폭시 수지가 사용되며 고온에서의 열변형 억제·내후성·변색 방지의 효과를 높이기 위하여 지환식 에폭시가 첨가되어 있다. 그러나 에폭시 수지는 단파장 광이나 고열에 약하고, 자외나 청색으로 발광하는 LED, 혹은 대전류 투입형의 발열량이 큰 LED에서는 구동시간의 경과에 따라서 열화가 진행되어 LED 램프의 발광효율이 낮아진다.

② 표면실장형 LED

표면실장형 LED 패키지(「그림 1.5-2」)의 봉입 수지에는 에폭시 수지도 사용되지만 용도에 따라서 내자외성, 내열성을 지니고 있는 실리콘 수지가 사용된다. 패키지 기판·리플렉터(reflector) 재료에는 수지나 세라믹, 금속이 사용된다.

㉠ 수지 기판·리플렉터의 재료

기판·리플렉터 재료에 사용되는 수지는 기계적 강도가 강하고, 내열성이 있는 폴리카보네이트(PC : polycarbonate), BT수지(bis-maleimide triazine resin), 액정폴리머(LCP : Liquid Crystal Polymer) 등이 있다. 특히 LED용에서는 이러한 수지를 백색화하여 반사율을 높이고 있다. 또 액정 폴리머는 성형을 쉽게 할 수 있기 때문에 복잡한 형상에 가공할 수 있다는 특성을 지니고 있다. 입출력 전극이나 칩 탑재 전극은 동합금에 금도금이나 은도금이 되어 있다. 그러나 이런 수지재료는 에폭시 수지와 같이 단파장 광으로 열화가 일어난다.

㉡ 세라믹 기판·리플렉터의 재료

일반 조명 용도에서는 백색 LED 램프에 대해서도 기존의 형광 램프나 백열전구와 같은 정도의 발광강도가 요구된다. 그러나 LED 램프를 보다 밝게 발광시키려고 하면 LED 소자가 발열하기 때문에 열로 인하여 발광효율이 떨어지지 않도록 구조상의 연구가 필요하다. 한편, 밝기와 달리 태양 빛과 같은 자연 백색광, 즉 연색성이 높은 백색광에 대한 요구도 높아지고 있다. 그 방법의 하나로서 최근에는 자색 LED 소자($\lambda \leqq 410$ nm)의 발광을 이용해서 형광 램프와 같은 3원색(적색·녹색·청색)의 형광체를 사용하여 백색광으로 만드는 기술이 주목을 받고 있다. 이 방법은 LED로부터 발광되는 빛의 파장의 일부가 수지를 열화시킬 때가 있으므로 장기간의 성능 유지가 어렵지 않을까 염려된다. 세라믹 재료는 이러한 문제를 해결하는 재료로서 기대되고 있다.

세라믹 재료는 LED 소자를 탑재하는 기판(「그림 1.5-2」)에 사용된다. 세라믹 재료는 방열특성이 비교적 좋고, 빛으로 인한 열화가 거의 없다는 특성을 지니고 있다. 또 절연성이 높은 재료이기 때문에 이 특성을 살리고, 세라믹 다층기판이라고 불리는 적층내부에 배선이 된 세라믹 기판도 LED용으로 제품화되어 있다. 세라믹 기판은 소자 효율이 높다고 평가를 받고 있는 '플립 칩' 타입이나 '대형소자'를 탑재한 LED 램프의 이용이 퍼지고 있다.

기타 세라믹 재료는 반사율의 파장 의존이 적고 LED 소자로부터 발광된 빛(파장 특성)을 교란하는 것이 적기 때문에 빛이 안정되어 흐트러짐을 막을 수 있어서 기대를 받고 있다. 「그림 1.5-9」는 세라믹 재료와 유기 재료의 파장에 대한 반사율의 차트를 나타낸다.

최근 세라믹 재료는 기판뿐만 아니라 기판과 리플렉터가 일체가 된 패키지 구조도 제안되고 있다.

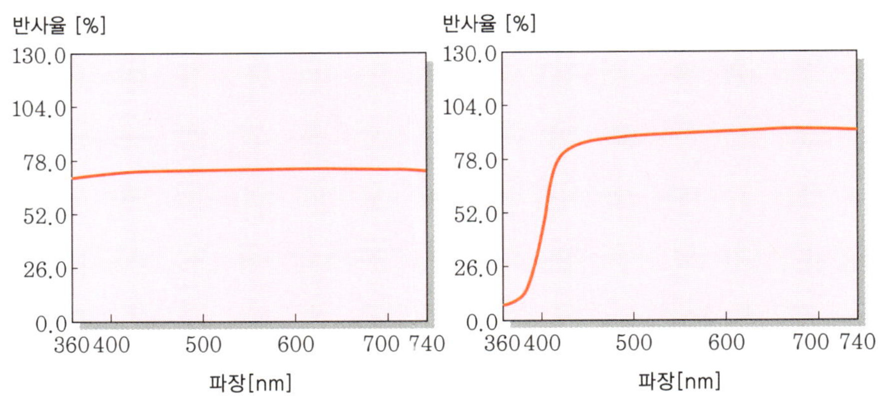

|그림 1.5-9| 세라믹(좌)과 유기재료(우)의 반사율

[참고문헌]
(1) 向井孝志·中村修二 : 「應用物理」, 第68卷第2號, p.152, 1999.
(2) D. Starick et al. : *Phosphor Global Summit*, 2003.
(3) 佐久間 健 他 : 「酸窒化·窒化物螢光體를 이용한 白色 LED」, 308回 螢光體同學會.
(4) K. Uheda et al. : *Phosphor Global Summit*, 2005.

1.6.1 LED(발광 다이오드) 동작층의 성장방법[1]~[3]

반도체 결정이 LED로서 작동하려면 「그림 1.6-1」에서 보는 것과 같이 적어도 단결정 기판(Epi기판) 위에 단결정인 n형 반도체층, 발광층, p형 반도체층이 적층된 LED 동작층이 필요하다. 동작층은 '에피택시얼 결정성장법'이라고 불리는 '단결정 기판 위에 반도체 단결정을 성장시키는 방법'으로 제작된다.

에피택시얼 결정성장법에는 크게 나눠서 LPE법, VPE법, OMVPE법, MBE법의 4종류가 있다. 각각의 방법은 성장 가능한 결정재료, 성막속도, 잔류불순물, 제어성 등에서 잘 되는 것도 있고 잘 안되는 것도 있으므로 구하려는 LED 특성에 따라 선택해야 한다.

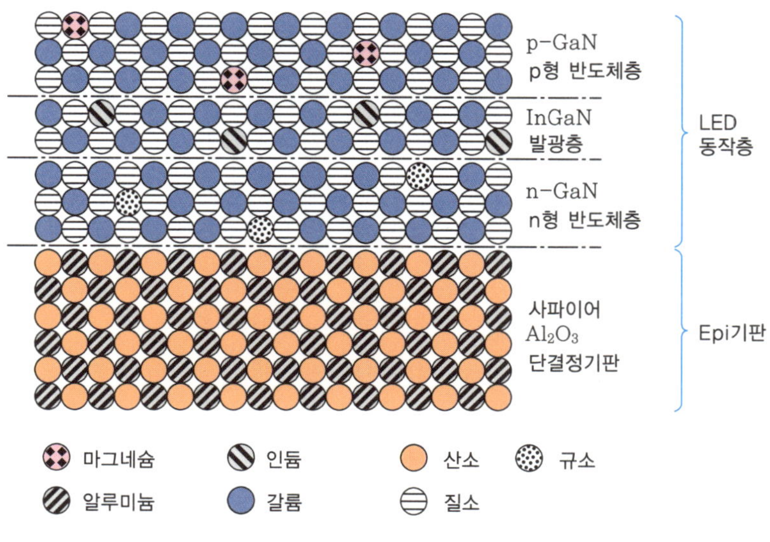

|그림 1.6-1| 사파이어 기판 위의 GaN-LED 동작층

LED의 발광특성 및 전기특성은

① 단결정기판의 품질

② 결정성장재료의 순도

③ LED 동작층의 결정품질

④ 전자와 정공의 재결합 확률을 높이는 LED 동작층의 적층구조

⑤ 전원배선으로부터 LED 동작층에 전자와 정공을 효율적으로 주입하는 전극구조

⑥ 발광한 빛을 소자 외부로 꺼내는 구조

등으로 결정되지만, 그 가운데 ②~④항은 LED 동작층을 성장시키는 에피택시얼 결정성장법에 크게 의존하고 있다.

아래에 대표적인 에피택시얼 결정 성장방법에 있어서 성막원리를 간단히 설명한다. 상세한 원리 및 장치해설 등은 전문서에 맡기고 여기에서는 이미지에 초점을 맞춘다.

(1) LPE법(액상 성장법 : Liquid Phase Epitaxy)

LPE법이라는 것은 액체 재료부터 결정(고체)을 성장시키는 방법이다. 쉽게 말하면 '소금의 결정을 만드는' 방법과 같다. 물을 가열하고 소금을 녹여서 씨가 되는 소금의 덩어리를 실에 매달아 식히면서 하룻밤을 방치하면 큰 소금 결정을 얻을 수 있다. 이와 같이 수백 ℃ 이상의 고온으로 액체가 된 금속에 결정재료를 녹이고 씨가 되는 기판을 넣어 수십 ℃ 식히면 기판 위에 결정이 성장한다.

LPE법의 하나인 서냉법(徐冷法)을 AlGaAs(알루미늄·갈륨 비소) 결정성장의 예를 들어 설명하면(「그림 1.6-2」), 금속 Ga(갈륨 : Gallium)을 700℃ 전후로 가열하여 액체로 만들고 거기에 금속 Al(알루미늄)과 As(비소)를 넣고 녹인다. 그 다음에 GaAs(갈륨비소)기판을 넣고, 천천히 수십 ℃ 냉각시키면 GaAs 기판 위에 AlGaAs 결정이 성장한다. LED 동작층을 얻으려면 Te(텔루륨 : tellurium)을 조금 가한 n형 반도체층을 성장시킨 후에 Zn(아연)를 조금 가한 p형 반도체층을 성장시키면 pn접합형 LED를 얻을 수 있다. 이 방법은 액상-고상의 화학평형을 이용한 결정성장법으로 고품질의 반도체 결정을 얻을 수 있다. 또 성막속도가 커서 후막성장이 잘 된다. 주로 적외~적색 LED가 되는 AlGaAs결정성장에 사용되고 있다.

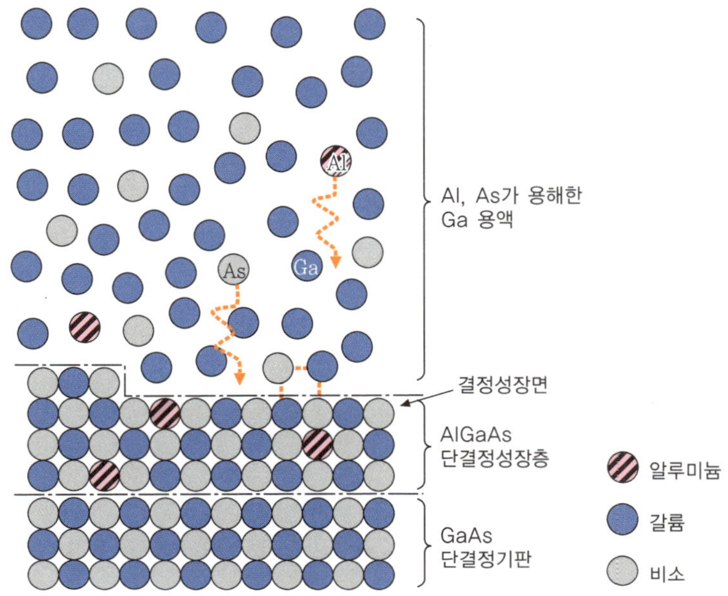

|그림 1.6-2| LPE법에 의한 AlGaAs 반도체 결정층의 성장 이미지

(2) VPE법(기상성장법 : Vapor Phase Epitaxy)

VPE법이라는 것은 고온에선 기체상태인 염화물 가스로부터 결정(고체)을 성장시키는 방법이다. LED를 구성하는 금속재료는 고온에서 HCl(염화수소) 가스와 반응하여 기체상태인 염화물 가스를 생성한다. VPE법은 고온부에서 생성한 염화물 가스와 비금속재료인 수소화물 가스를 저온부에 설치한 기판 위에서 반응시켜 반도체결정을 얻는 방법이다. 특히 비금속재료에 수소화물 가스를 사용하는 VPE법을 하이드라이드 기상성장법(H-VPE법 : Hydride Vapor Phase Epitaxy)이라고 한다.

H-VPE법을 GaAsP(갈륨 비소 인)결정성장을 예로 들어서 설명하겠다(「그림 1.6-3」). 먼저 분위기온도 800℃ 전후의 환경 밑에서 용해한 Ga(갈륨)에 HCl(염화수소) 가스를 뿜어 GaCl(염화갈륨) 가스를 생성시킨다.

다음으로 생성된 GaCl 가스와 수소화물 가스인 AsH_3(arsine), PH_3(phosphine)를 GaAs(갈륨 비소) 기판 위에 뿜는다. 그렇게 하면 700 ℃ 전후의 저온부에 놓인 GaAs 기판 위에서 공급된 GaCl 가스와 AsH_3, PH_3가 반응하여 HCl 가스를 분리하면서 GaAsP 결정을 생성한다.

이 방법은 성막속도가 커서 후막성장이 잘 된다. 주로 GaAsP 결정성장에 사용되지만 최근에는 호박(amber) LED의 GaP창 층의 성장이나 GaN 단결정기판 성장에 사용되고 있다.

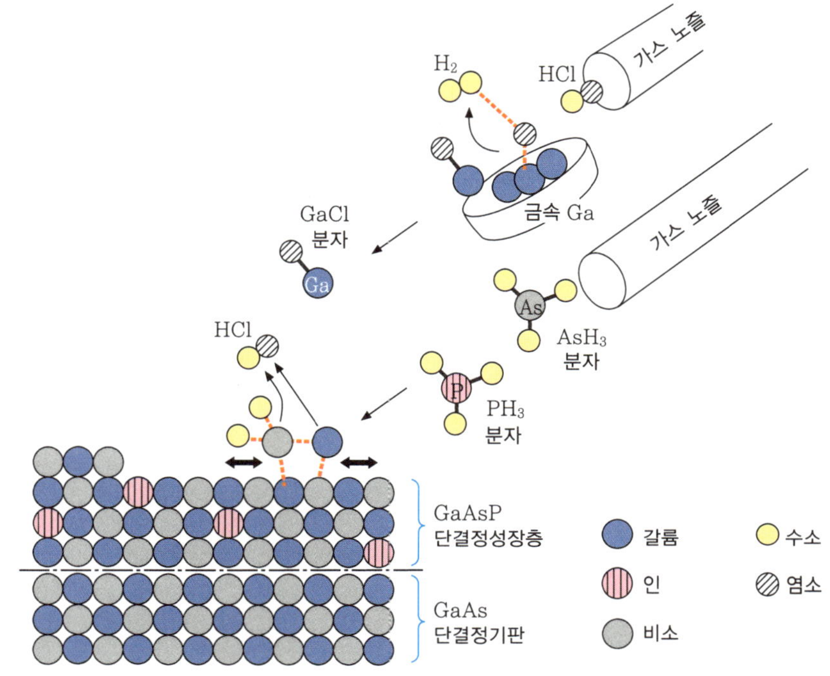

|그림 1.6-3| VPE법에 의한 GaAsP반도체 결정층의 성장 이미지

(3) OMVPE법(유기금속기상성장법 : Organo Metallic Vapor Phase Epitaxy)

OMVPE법이라는 것은 유기금속화합물의 증기로부터 결정(고체)을 성장시키는 방법이다(MOCVD법, MOVPE법이라고도 한다). LED를 구성하는 금속에 메틸기($-CH_3$)를 붙이면 상온에서 높은 증기압을 지니는 액체 또는 고체의 유기금속재료를 얻을 수 있다. OMVPE법은 이 유기금속재료 증기와 수소화물 가스를 가열한 기판 위에 뿜어 열분해시킨 반도체 결정을 얻는 방법이다.

OMVPE법(유기금속기상성장법)을 InGaN결정성장을 예로 들어서 설명하면(「그림 1.6-4」), 먼저 액체 TMGa(트리메틸 갈륨)와 고체 TMIn(트리메틸 인듐)로부터 재료증기를 빼낸다.

다음으로 NH_3(암모니아) 가스와 혼합하여 800 ℃ 전후로 가열한 사파이어 기판 위에 뿜으면 재료 가스는 기판 위에서 열분해반응을 일으키고 메탄가스 등을 분리하면서 InGaN 결정을 생성한다.

이 방법은 다른 방법과 비교해서 결정성장의 파라미터인 온도·압력·재료가스 공급량 등을 광범하게 조작 가능한 것과 재료의 고순도화가 발전된 것, 또한 박막결정성장이 쉬운 것 등의 이유로 다채로운 적층구조가 가능하여, 현재는 연구용도에서 산업용도까지 폭넓게 이용되는 결정성장 방법이다.

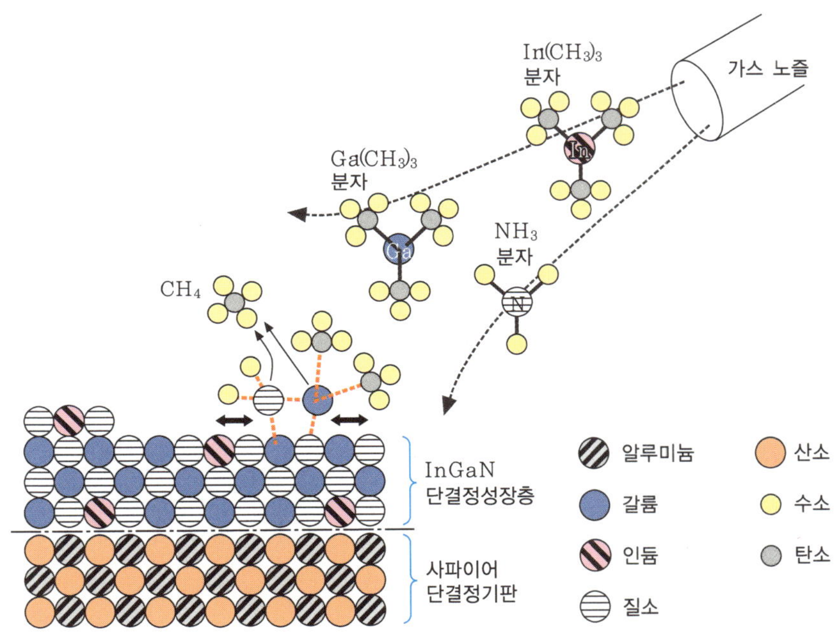

|그림 1.6-4| OMVPE법에 의한 GaN 반도체 결정층의 성장 이미지

(4) MBE법(분자선성장법 : Molecular Beam Epitaxy)

MBE법이라는 것은 진공 중에서 증발시킨 분자 상태의 재료로부터 결정(고체)을 성장시키는 방법이다. 우주공간보다 높은 진공 중에서 재료를 가열 증발시켜 증발분자의 비산방향을 일정하게 한 제트류(분자선)를 가열한 기판 위에 조사(照射)하여 결정성장시키는 방법이다.

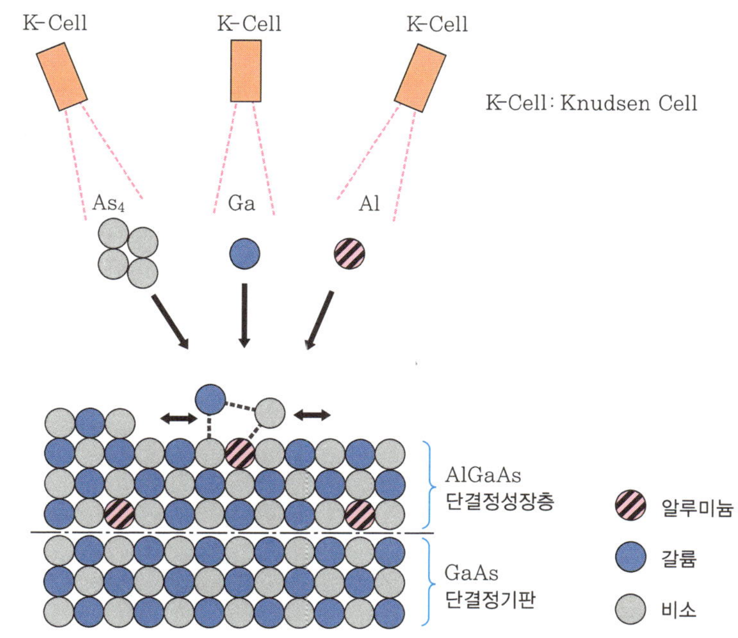

|그림 1.6-5| MBE법에 의한 AlGaAs 반도체 결정층의 성장 이미지

  MBE법(분자선성장법)에 대해 AlGaAs 결정성장을 예를 들어 설명하면 (「그림 1.6-5」), 결정재료가 되는 Ga(갈륨), Al(알루미늄), As(비소)를 크누센 셀(K-Cell)이라고 불리는 선단에 작은 홀이 뚫린 원통 모양의 재료용기에 충전한다. 다음으로 재료용기를 가열하여 재료를 증발시켜 핀 홀로부터 나오는 제트류(분자선)를 GaAs기판 위에 조사한다. 기판에 도달한 Ga, Al, As₄ 분자는 600 ℃ 정도에 가열된 기판 위에 부착·결합되어 AlGaAs 결정을 생성한다. 이 방법은 비평형계이며, 동시에 화학반응 과정을 거치지 않는 방법이기 때문에 결정성장의 메커니즘 해석이나 초박막성장이 쉬워서 연구용도로 널리 사용되고 있다.

1.6.2 — ## 에피택시얼(epitaxial) 성장용 단결정기판

  먼저 소개한 LED 동작층을 제작하기 위해서는 기초가 되는 단결정기판(Epi기판)이 필요하다. 현재 널리 사용되고 있는 단결정기판에는 Si(실리콘), GaAs(갈륨비소), GaP(인화갈륨), SiC(실리콘 카바이트), Al_2O_3(사파이어) 등이 있으며, 각각의 용도는 다음과 같다.

① Si : IC 등 집적회로용 반도체기판, 최대 ϕ12 인치 기판까지 실용화

② GaAs : 적·황색 LED용 기판, DVD용 LD 기판, 휴대전화용 디바이스 기판

③ GaP : 녹·적색 LED용 기판, 최대 ϕ3 인치까지 실용화

④ SiC : 청색 LED용 기판, 최대 ϕ4 인치까지 실용화

⑤ Al_2O_3 : 청색 LED용 기판, 최대 ϕ8 인치까지 실용화

다음은 자외광·청색광·녹색광을 내는 질화갈륨 동작층을 지니고 있는 LED의 단결정 기판으로서 널리 사용되고 있는 사파이어 기판에 대한 설명이다.

(1) 사파이어 기판이 많이 사용되고 있는 이유

적색·황색 LED는 GaAs기판 위에서 일찍부터 제품화되었지만 청색은 불가능했다. 청색을 만들기 위해서는 GaN계 반도체를 사용하는 것이 고려되었지만 1,000 ℃ 가까운 고온에서 막을 만들 필요가 있고, 또 부식성이 강한 가스가 가득한 환경에서 만들어야 하는 제약이 있었다. 이 조건을 만족시키는 투명기판으로서 우리 주변에서 쉽게 볼 수 있는 것이 사파이어였다. 예전에는 사파이어와 GaN의 격자상수(格子常數 : 결정간의 거리)에 약 14 %의 차가 있기 때문에 GaN 반도체를 사파이어 기판 위에 만들 수 없다고 생각되었다. 그러나 연구자들의 끊임없는 노력으로 그 장벽을 넘을 수 있어서 우리 생활에서 없어서는 안 되는 청색 LED를 완성했다.

(2) 사파이어라는 것은 어떤 재료인가?

세라믹스라고 불리는 우리 주변에서 흔히 볼 수 있는 백색 재료가 다결정 알루미나이며, 그 단결정이 바로 사파이어이다(단결정 알루미나=사파이어).

사파이어는 루비와 같이 커런덤계(corundum系)에 속한 광물로 적색인 루비 이외는 모두 사파이어라고 부른다. 어원은 sapphirus(라틴어), sappheiros(그리스어)로 '푸른색'을 의미한다.

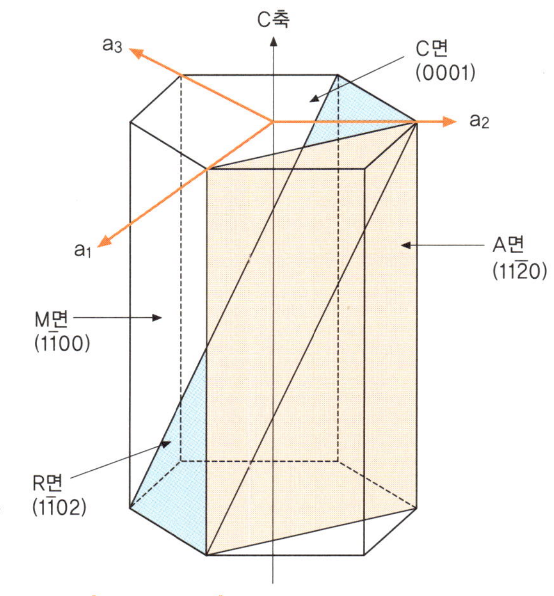

|그림 1.6-6| 사파이어의 결정 구조

|표 1.6-1| 사파이어의 특성

물리적 성질		전기적 특성	
결정계	육방정계 $a=4.763$Å $c=13.003$Å	전기저항	1×10^{14} Ω·m(상온) 1×10^{9} Ω·m(500 ℃)
밀도	3.97×10^{3} kg/m	유전율	11.5(C축에 평행) ($10^{3}\sim10^{10}$ Hz·25 ℃) 9.3(C축에 수직) ($10^{3}\sim10^{10}$ Hz·25 ℃)
인장강도	2,250 MPa		
열적 성질			
열팽창계수	5.3×10^{-6}/K(C축에 평행) 4.5×10^{-6}/K(C축에 수직)	절연내력	4.8×13 kV/m (60 Hz)
		광학적 성질	
열전도율	42 W/m·K(25 ℃)	굴절률	$No=1.768$ $Ne=1.760$
비열	0.75 kJ/kg·K(25 ℃)		

(3) 사파이어의 장점

사파이어 재료특성의 장점은 다음과 같다(「표 1.6-1」).

① 고내열성(융점 2,053 ℃)

② 우수한 내약성(耐藥性)

③ 넓은 광투과대역(光透過帶域)(파장 0.2~5.0 μm), (가시광에서는 0.37~0.8 μm)

④ 높은 절연성(絕緣性)

⑤ 높은 기계강도(690 MPa)

사파이어기판은 C면, A면, R면, M면에서 잘라내기가 가능하여 디바이스의 용도에 맞춰서 폭넓게 사용되고 있다. 기판 사이즈는 C면에서 ϕ4 인치까지, A면·R면에서 ϕ8 인치까지의 제조가 가능하다. InGaN-LED용으로는 C면이 가장 많이 이용되고 있지만, 연구·개발의 진전으로 기초가 되는 사파이어 기판의 단면 방향에 따라 새로운 장점을 갖는 디바이스도 얻을 수 있게 되었다.

(4) 결정육성방법과 장점

기판결정을 얻기 위해서는 우선 잉곳(ingot)이라고 불리는 큰 사파이어 단결정의 덩어리를 만들어야 한다. 다음으로 그 덩어리로부터 기판의 원형을 잘라내고 정형 ·연마하여 반도체용인 단결정기판(웨이퍼)을 만든다. 결정육성방법이라는 것은 사파이어 잉곳(sapphire ingot)을 만드는 방법을 뜻하며 주요 방법은 아래와 같은 4종류가 있다.

① EFG법 : 결정육성속도가 빠름.

② CZ법(Czochralski法) : Si로 사용되고 있는 인상법

③ Kyropoulos법 : 별명 'TSSG' 라고 불리며 큰 잉곳을 만들 수 있음.

④ HEM법 : 큰 잉곳을 만들 수 있음.

[참고문헌]

(1) 日本結晶成長學會 「結晶成長 핸드북」 編集委員會編 : 結晶成長 핸드북, 共立出版, p.643-798, 1995.

(2) 半導體핸드북編集員會編 : 「半導體 핸드북」, 옴社, p.213-376, 1985.

(3) 伊藤良一 : 「化合物半導體 디바이스 핸드북」, 사이언스포럼, p.480-493, 1986.

1.7 LED 램프의 제조방법

앞에서 설명한 바와 같이 여러 방법을 거쳐서 제조된 LED 웨이퍼(wafer)를, 이번 공정에서는 칩으로 만들기 위해, 임의의 사이즈로 분할한다.

1.7.1 LED 패터닝(patterning)−LED 전극 형성 공정

우선 일반적인 전극 형성의 공정을 살펴보면 ① 소자분리구(素子分離溝)의 형성, ② 투명 전극(p측 전극)의 형성, ③ 패드 전극(n측 전극과 p측 패드 전극)의 형성, ④ 보호막 형성 등의 프로세스를 거쳐서 패턴이 형성되어, 비로소 LED 웨이퍼가 완성된다(「그림 1.7-1(a)」).

(1) 소자분리구(素子分離溝)의 형성

포토리소(photolitho) 기술에 위해 LED 소자의 발광영역을 감싸는 레지스트(resist) 마스크를 형성한다. 다음으로 드라이 에칭에서 마스크가 덮지 않는 부분의 상부동작층(p-GaN 및 발광층)과 하부동작층(n-GaN)의 일부를 제거해서 소자분리구를 형성한다(「그림 1.7-1(b)」).

(2) 투명 전극(p측 전극)의 형성

포토리소 기술에 의해 p측 전극 형성 영역이 빈 레지스트 마스크를 형성한다. 다음으로 전극 재료를 증착한 후, 리프트 오프(lift-off), 레지스트를 제거하면 상부동작층(p-GaN층) 위에 투명 전극이 형성된다(「그림 1.7-1(c)」).

(3) 패드 전극(n측 전극과 p측 패드 전극)의 형성

포토리소 기술에 의해 n측 패드 전극 형성 영역과 p측 패드 전극 형성 영역이 빈 레지스트 마스크를 형성한다. 다음으로 전극 재료를 증착한 후, 리프트오프, 레지스트를 제거하면 패드 전극이 형성된다(「그림 1.7-1(d)」).

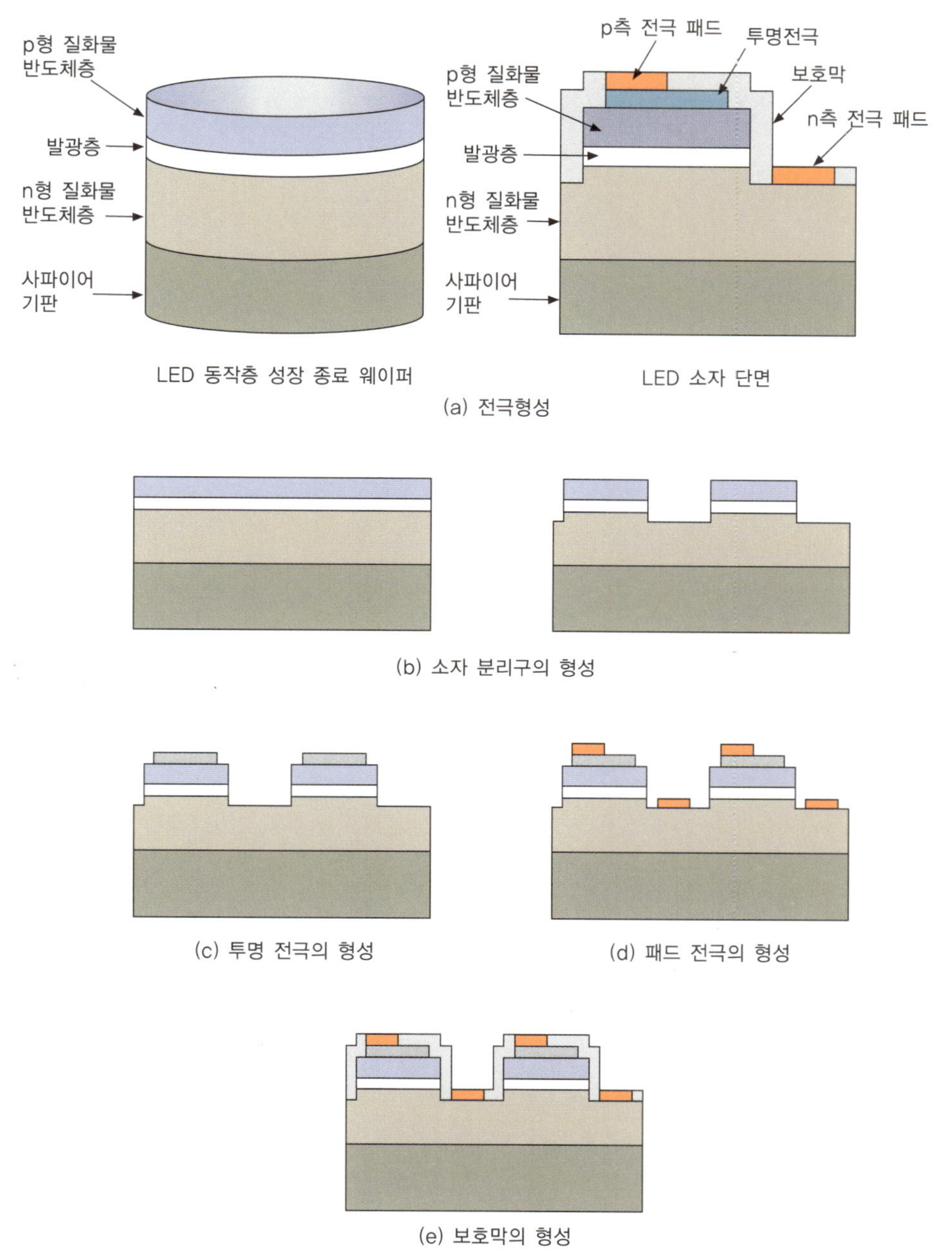

|그림 1.7-1| 패터닝에서부터 전극형성공정까지

(4) 보호막 형성

기상성막법에 의한 보호막을 웨이퍼 전체에 형성한다. 다음으로 포토리소 기술에 의해 n측 패드 전극 형성 영역과 p측 패드 전극 형성 영역이 빈 레지스트 마스크를 형성한다. 에칭에 의해 패드 전극상의 보호막을 제거하고, 마지막으로 레지스트를 제거하면 보호막 형성이 종료된다(「그림 1.7-1(e)」).

1.7.2 LED 칩화

패턴이 형성된 LED 웨이퍼는 그 패턴에 따라서 분할한다. 적색 등의 GaAs 등을 기판으로 하는 LED는 다이서 등의 장치를 사용하여 칩화한다. 청색 등의 사파이어를 기판으로 하는 LED의 경우, 칩화에 특수한 가공이 필요한데 이 공정을 자세히 설명하면 다음과 같다.

(1) 웨이퍼 연마

사파이어가 기판이 된 LED 웨이퍼를 효율이 좋게 칩화하기 위해서는 처음에 웨이퍼를 얇게 할 필요가 있는데 이 공정을 연삭·연마 공정이라고 부른다. 연삭·연마 공정의 이미지를 「그림 1.7-2」에서 볼 수 있다. 이것은 사파이어라는 소재이기 때문에 상당히 단단하고, 화합물계의 GaAs와는 달리 컷(cut)은 쉽지 않다. 컷을 용이하게 하기 위해서는 칩 면적과의 관계(애스펙트 비 : aspect rate)에서 사파이어 웨이퍼를 얇게 하는 것이, 보다 깨끗한 칩 형상을 만들 수 있다.

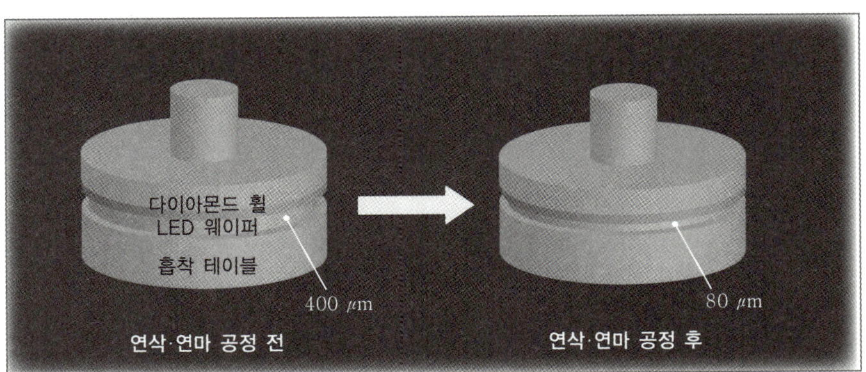

|그림 1.7-2| 연삭·연마 공정

이 때문에, 칩 사이즈를 400 μm각으로 지정한 때에는 웨이퍼의 두께를 일반적으로는 약 80 μm까지 얇게 하는 것이 이상적이다.

웨이퍼 연마는 에피택시얼이 실시된 반대 면, 즉 뒷면을 연마한다. 작업 시간과 작업 경비를 단축하기 위해서는 연삭(거칠게 깎음, grind)과 연마(마무리, lap)의 두 공정으로 연마를 행하는 것이 일반적이다. 연삭 작업에는 다이아몬드 휠을 사용하고, 연마 작업은 다이아몬드 슬러리(diamond slurry)를 사용하는 것이 일반적이다. 그 밖에도 실리카를 쓴 약품을 사용한 연마 방법 등도 있다. 이 작업의 목적은, LED 웨이퍼를 얇게 함으로써 칩화 작업을 보다 효과적·효율적으로 행하는 것에 있다. 따라서, 연마된 LED 웨이퍼의 면 정도가 보다 평탄하고 가깝게 하는 것, LED 웨이퍼에 '휨'이나 '구부러짐'이 없게 하는 것, LED 웨이퍼가 작업 중에 갈라지거나 깨져 떨어지지 않게 하는 것이 포인트이다.

(2) 스크라이빙

다음으로는 얇게 된 LED 웨이퍼를 칩화한다. 이 공정은 다이아몬드를 갈아서 칼날이 커터 모양으로 형성된 다이아몬드 스크라이브 툴을 전용 스크라이브 장치에 설치해서 행한다. 이 다이아몬드 스크라이브 툴을 쓰고 컷하는 방법을 스크라이빙(scribing)이라고 한다.

LED 웨이퍼를 스크라이브 장치에 설치해서 칩 사이즈의 외주에 따라, 다이아몬드 스크라이브 툴을 사용해서 자른다. 이때의 자르는 행위는 웨이퍼 표면에 '선 그리기'에 지나지 않다. 그러나 여기에서 생기는 내부 응력으로

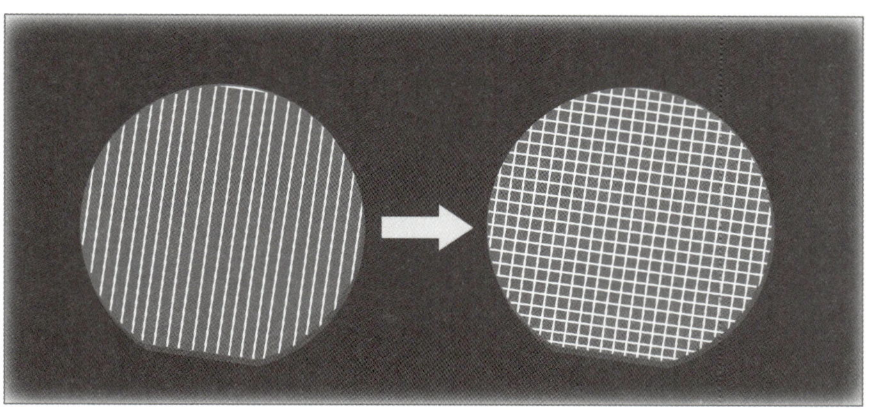

|그림 1.7-3| 스크라이브 공정

스크라이브 라인에 크랙(crack)을 일으켜서 '갈라진 틈'을 만들어 가는 것이다. 그 밖에도 펄스 레이저를 사용하거나, 다이싱(dicing)으로 칩화를 하는 방법도 있지만, 비용이나 작업 시간 등의 면에서 이 스크라이브 공정이 일반적이다. 이미지를 「그림 1.7-3」에서 볼 수 있다.

(3) 브레이킹

LED 웨이퍼 상에 스크라이브 공정에서 만든 '갈라진 틈'을 따라 판상에 칼을 꼭 누르면서 칩을 완전히 분단시킨다. 이 방법을 브레이킹(breaking)이라고 한다. 브레이킹 공정 이미지는 「그림 1.7-4」와 같다. 브레이킹을 사용하지 않은 스크라이빙 수법(여러 차례 스크라이브에 의해 크랙을 성장시킨다)도 있지만, 작업 시간이라는 점에서는 브레이킹에 의지하는 것이 일반적이다.

현재, 사파이어와 같은 경질 소재 웨이퍼의 칩화 공정에 있어서 브레이킹은 주로,

① 작업 시간을 단축하기 위해(스크라이브 공정을 단축해서 브레이킹으로 칩화)

② 동시에 스크라이브 툴의 수명을 연장하기 위해(칼날의 마모를 세이브한다) 이용되고 있다.

이처럼 연마, 스크라이브, 브레이킹의 공정을 거쳐서, 이상의 형상에 칩화된 LED칩은 다음 공정에서 패키지화되어 LED 램프가 된다.

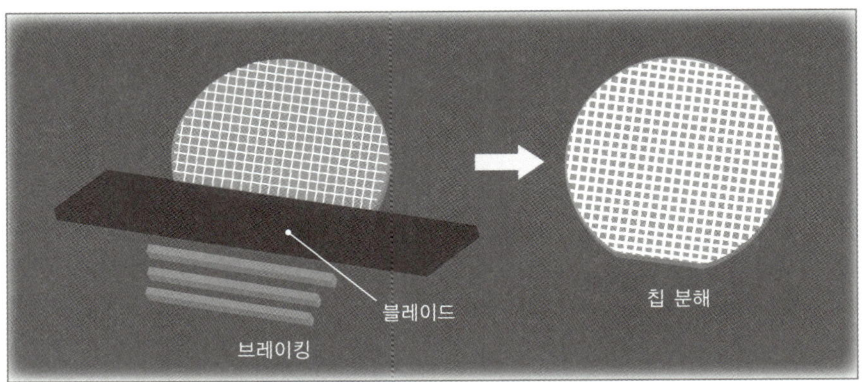

|그림 1.7-4| 브레이킹 공정

<table><tr><td>**1.7.3**</td></tr></table>

LED 램프화 공정

LED에는 최근 회중전등 등에 잘 사용되고 있는 포탄형의 것과, 휴대 전화 등에 사용되고 있는 SMD(표면 실장)형의 것이 있는데, 이것들을 총칭해서 LED 램프라고 부른다.

지금까지, 잘라져 검사된 LED 칩이 인터포저에 실려 배선된 후 보호를 위해서 수지 봉지(樹脂封止)되어, 최종 제품 형상에 따라 절단되는 공정까지 보았다. 마지막으로 양부 판별을 위한 검사를 받은 후 출하된다.

이들 램프화 공정의 자세한 설명은 다음과 같다(그림은 유기기판에 몰드 공법으로 일괄 성형된 제품).

(1) 다이 본딩

각각 절단된 칩은 다이(die)라고도 불린다. 이 다이는 인터포저(리드 프레임, 유기 기판, 세라믹 기판 등의 총칭)에 열경화성의 은 페이스트에 의해 접착된다. 이 공정은 다이본딩(die bonding)이라고 불린다(「그림 1.7-5」).

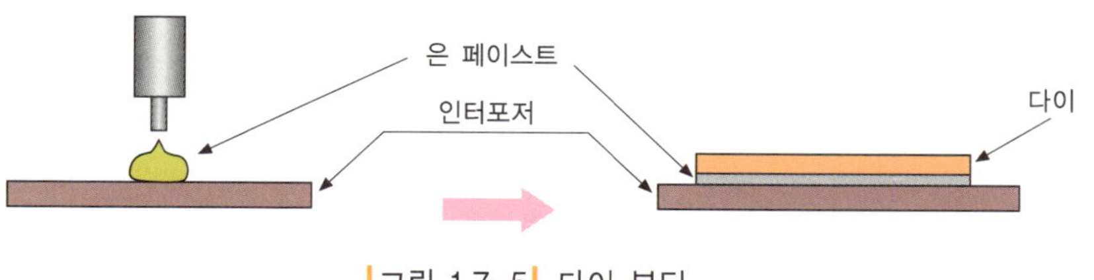

|그림 1.7-5| 다이 본딩

(2) 와이어 본딩

인터포저에 접착된 다이에는 다음으로 인터포저를 경유해서 전원으로부터 전류를 받아 발광시키기 위한 배선이 이뤄진다. 다이 표면의 전극과 인터포저 측의 전극이 직경 20~30 μm의 금선에 의해 연결되어 LED 램프로서의 회로가 형성된다. 이 공정을 와이어 본딩이라고 부른다(「그림 1.7-6」).

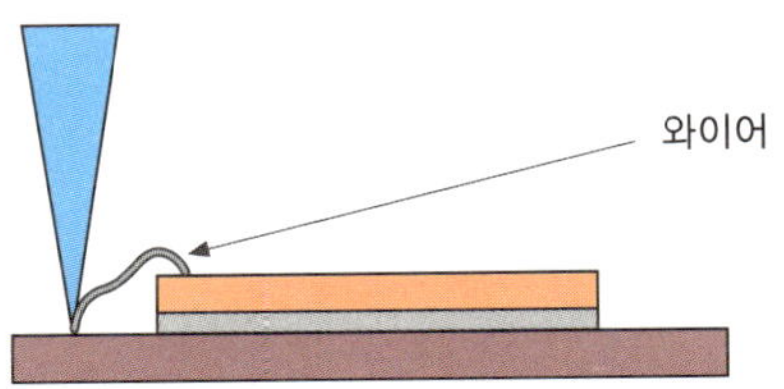

│그림 1.7-6│ 와이어 본딩

(3) 수지 봉지

회로 형성된 LED 램프는 그 회로 보호를 위해 수지에 의해 봉지되어 바깥 공기로부터 차단된다. 대표적인 봉지 방법에는 캐스팅(casting : potting), 몰딩, 프린팅 등의 방법이 있다. 캐스팅법은 액상의 수지를 틀에 흘려 넣어 성형하는 법으로 포탄형, 프리몰드형 패키지 등이 있다. 몰딩 방법은 고형 수지를 150 ℃ 정도로 가열한 금형으로 성형하는 방식으로, 리드 프레임, 유기 기판을 사용한 일괄처리의 성형에 널리 이용되고 있다. 프린팅법은 모듈 타입의 제품 등 각각 제품에 의해 구분하여 사용되고 있다.

봉지재로서 사용되는 수지는 열경화성으로 에폭시계, 실리콘계 등의 투명 수지가 많고, 백색 LED의 경우는 이러한 수지에 YAG 등의 형광체를 섞어 만든 수지를 사용한다. 이 공정이 수지 봉지 공정이라고 불린다(「그림 1.7-7」).

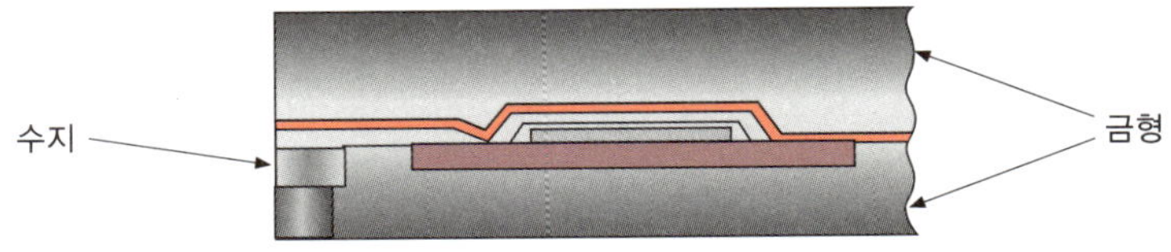

│그림 1.7-7│ 수지 봉지

(4) 절단

수지 봉지의 공정이 끝난 LED 램프는 최종의 제품 형상을 위해 가공된다. 리드 프레임의 제품은 기판에 실장하기 쉬운 형상에 리드가 성형되어 리드 프레임으로부터 떼어내진다. 또 유기 기판, 세라믹 기판 등에 일괄 봉지된 제품은 다이서(dicer)라고 불리는 장치로 각각 절단·분리된다. 이 공정을 절단 공정이라고 부른다(「그림 1.7-8」).

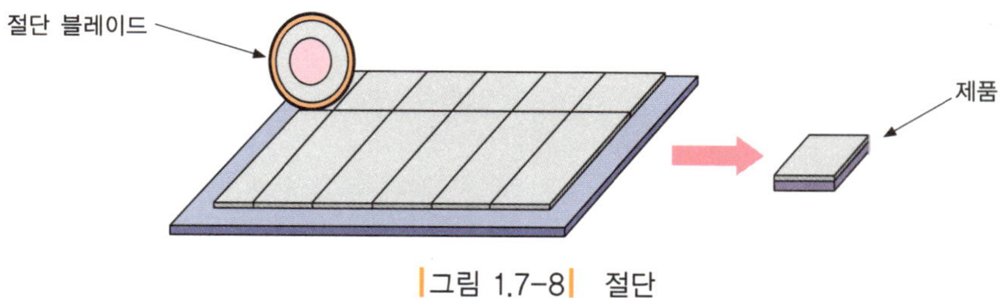

|그림 1.7-8| 절단

(5) 검사

절단·분리되어 최종의 제품 형상이 된 LED 램프는 하나하나 성능의 검사를 받은 뒤 포장되어 출하된다(「그림 1.7-9」).

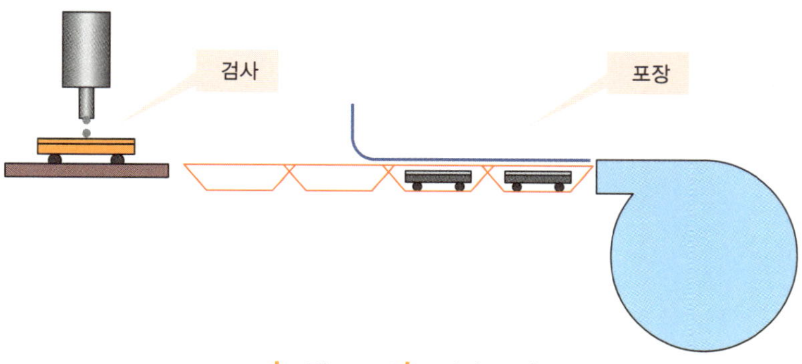

|그림 1.7-9| 검사·포장

MEMO

02

시험방법

일본의 경우 LED가 조명 용도에 이용되기 시작한 것은 최근의 일이며 따라서 규격· 시험 방법 등의 정비가 늦어지고 있다. 반면에 백열전구나 형광 램프와 같은 종래의 조명용 광원에는 이미 각종 규격이나 시험방법이 확립되어 있다.

향후 LED를 조명용으로서 사용려면 전자 부품으로서의 평가뿐만 아니라 종래의 조명용 광원에 대한 규격이나 시험 방법에 준하는 평가도 필요하다. 이러한 이유로 이 장에서는 구체적인 평가 항목별로 참고가 되는 정보를 제공하기 위해 현재 일본의 LED 관련 규격·시험방법 등을 조사했다.

2.1 전기 특성에 대한 규격·시험 방법

2.1.1 순전류

규정의 조건하에서 규정의 순전압을 인가했을 때에 생기는 전류.		
(1) JIS C 5951-1997	광전송용 발광 다이오드 측정 방법	6.1 순전류(I_f)
(2) EIAJ ED-4911 1993	발광 다이오드 측정 방법	6.3 순전류(I_F) 측정

2.1.2 순전압

규정의 조건하에서 규정의 순전류를 흘렸을 때에 생기는 전압.		
(1) JIS C 7036-1985	발광 다이오드 측정 방법(표시용)	6.1 순전압(V_F)
(2) JIS C 5951-1997	광전송용 발광 다이오드 측정 방법	6.2 순전압(V_f)
(3) EIAJ ED-4911 1993	발광 다이오드 측정 방법	6.1 순전압(V_F) 측정
(4) CIE127-1997	Measurement of LEDs	2.2.3 Forward voltage
(5) CIE127.2(4th Draft) 1997	Measurement of LEDs	2.2.4 Forward voltage

2.1.3 역전류

규정의 조건하에서 규정의 역전압을 인가했을 때에 생기는 전류.		
(1) JIS C 7036-1985	발광 다이오드 측정 방법(표시용)	8.2 역전류(I_R)
(2) JIS C 5951-1997	광전송용 발광 다이오드 측정 방법	6.3 역전류(I_r)
(3) EIAJ ED-4911 1993	발광 다이오드 측정 방법	6.4 역전류(I_R) 측정

2.1.4 역전압

규정의 조건하에서 규정의 역전류를 흘렸을 때에 생기는 전압.

| (1) JIS C 5951-1997 | 광전송용 발광 다이오드 측정 방법 | 6.4 역전압(V_r) |
| (2) EIAJ ED-4911 1993 | 발광 다이오드 측정 방법 | 6.2 역전압(V_R) 측정 |

2.1.5 단자간 용량

규정의 바이어스를 인가했을 경우의 LED의 단자간 용량.

| (1) JIS C 5951-1997 | 광전송용 발광 다이오드 측정 방법 | 6.5 단자간 용량 |
| (2) EIAJ ED-4911 1993 | 발광 다이오드 측정 방법 | 6.5 단자간 용량(C_t) 측정 |

2.1.6 응답 시간

규정의 동작 조건하에서 지정된 순방향 펄스를 인가했을 때 LED로부터 방출된 빛을 전기신호로 변환했을 때의 상승 시간, 하강 시간, 지연 시간.

| (1) JIS C 5951-1997 | 광전송용 발광 다이오드 측정 방법 | 6.14 응답 시간 |
| (2) EIAJ ED-4911 1993 | 발광 다이오드 측정 방법 | 6.7 응답 시간 측정 |

2.1.7 차단 주파수, 주파수 응답

기준 주파수에 대해서 주파수 응답이 -3db가 되는 주파수.
규정의 동작 조건하에서 지정된 순전류를 인가해, 규정의 주파수의 소신호(small signal), 교류전류(AC)를 중첩한 후, LED로부터 방출된 빛을 전기신호로 변환했을 때의 변조광에 대응한 교류전류를 충분히 낮은 기준 주파수에 대응하는 교류전류로 나눈 값(商).

| (1) JIS C 5951-1997 | 광전송용 발광 다이오드 측정 방법 | 6.15 차단 주파수 |
| (2) EIAJ ED-4911 1993 | 발광 다이오드 측정 방법 | 6.8 주파수 응답, 차단 주파수(f_c) 측정 |

2.2.1 전광속(全光速)

광원이 모든 방향으로 방출하는 광속의 총합.		
(1) CIE84 1989	The Measurement of Luminous Flux	2.1.1 Luminous flux
(2) CIE127 1997	Measurement of LEDs	6. Measurement of total luminous flux
(3) CIE127.2(4th Draft) 1997	Measurement of LEDs	6.1.1 Total luminous flux 6.4.1 Total luminous flux measurement
(4) EIAJ ED-4911 1993	발광 다이오드 측정 방법	2.3(4) 측광량 측정 용어와 그 정의, 광속 6.9 광속 측정
(5) JIS C 8152	조명용 백색 발광 다이오드 (LED)의 측광 방법	3.5 LED의 전광속 8 전광속 측정

2.2.2 부분광속

광원이 일부의 방향으로 방출하는 광속.		
(1) CIE127.2(4th Draft) 1997	Measurement of LEDs	6.1.2 Partial LED Flux 6.4.2 Partial LED flux measurement
(2) EIAJ ED-4911 1993	발광 다이오드 측정 방법	2.3(4) 측광량 측정 용어와 그 정의, 광속
(3) JIS C 8152	조명용 백색 발광 다이오드 (LED)의 측광 방법	8 전광속 측정

2.2.3 배광

광원 및 조명 기구의 광도 각도에 따른 변화 및 분포.		
(1) CIE84 1989	The Measurement of Luminous Flux	4.Calculation to luminous flux from luminous intensity distribution
(2) CIE127 1997	Measurement of LEDs	2.1.1 Spatial distribution 5.4 Measurement of spatial and directional properties
(3) CIE127.2(4th Draft) 1997	Measurement of LEDs	2.1.1 Spatial distribution 4.4 Measurement of spatial and directional properties
(4) EIAJ ED-4911 1993	발광 다이오드 측정 방법	6.16 지향 특성 측정
(5) JIS C 5951 1997	광전송용 발광 다이오드 측정 방법	6.12 빔 퍼짐 각
(6) JIS C 7036 1985	발광 다이오드 측정 방법 (표시용)	2.(9) 지향 특성 8.5 지향 특성

2.2.4 광도

광원에서 어느 방향을 향하는 광속의 단위 입체각 당의 비율.		
(1) CIE84 1989	The Measurement of Luminous Flux	2.1.2 luminous intensity
(2) CIE127 1997	Measurement of LEDs	5.2.1 luminous intensity
(3) CIE127.2(4th Draft) 1997	Measurement of LEDs	4.2.1 luminous intensity
(4) EIAJ ED-4910 1995	발광 다이오드	부표 1 / 부표 2
(5) EIAJ ED-4911 1993	발광 다이오드 측정 방법	2.3(6) 광도 6.11 광도 측정
(6) JIS C 8152	조명용 백색 발광 다이오드 (LED)의 측광 방법	7.4 발광부가 큰 LED의 광도 측정
(7) JIS C 7035 1985	발광 다이오드(표시용)	부표 1 / 부표 2
(8) JIS C 7036 1985	발광 다이오드 측정 방법 (표시용)	2(5) 광도 8.3 광도

2.2.5 휘도

발광면상에 있는 점에 있어서 그 점을 포함한 미소면(microplane)을 통하고, 어느 방향에 향하는 광속의 그 방향에 수직인 면의 단위 정사영(正射影) 면적 당, 단위 입체각 당의 비율.

(1) CIE84 1989	The Measurement of Luminous Flux	2.1.4 luminance
(2) EIAJ ED-4910 1995	발광 다이오드	부표 1 / 부표 2
(3) EIAJ ED-4911 1993	발광 다이오드 측정 방법	2.3(7) 휘도 6.13 휘도 측정

2.2.6 발광 스펙트럼

방사의 단색 성분을 파장 또는 주파수의 순으로 나열하여 표시한 것.

(1) CIE127 1997	Measurement of LEDs	2.1.2 Spectral distribution 7.4 Measurement of the spectral distribution
(2) CIE127.2(4th Draft) 1997	Measurement of LEDs	2.1.2 Spectral distribution 7.4 Spectral Measurement of LEDs
(3) EIAJ ED-4911 1993	발광 다이오드 측정 방법	2.1(7) 분광감도 6.14 스펙트럼 분포, 피크 파장, 반치폭 측정
(4) JIS C 5951 1997	광전송용 발광 다이오드 측정 방법	6.10 피크 발광 파장 및 스펙트럼 반치폭
(5) JIS C 7036 1985	발광 다이오드 측정 방법 (표시용)	2(6) 발광 스펙트럼 분포 8.4 피크 발광 파장 및 스펙트럼 반치폭

2.2.7 색도

색도 좌표 또는 주파장이나 보색 주파장과 순도와의 조합에 의해서 정해지는 색자극의 성질.

(1) CIE127 1997	Measurement of LEDs	7.3 Colorimetric quantities determined from the spectral distribution
(2) CIE127.2(4th Draft) 1997	Measurement of LEDs	7.3 Colorimetric quantities determined from the spectral distribution
(3) EIAJ ED-4911 1993	발광 다이오드 측정 방법	6.15 색도 측정
(4) JIS Z 8724 1997	색의 측정 방법–광원색	

2.2.8 상관 색온도

색도 좌표상에서 가장 가까운 흑체 궤적상의 온도.		
(1) JIS Z 8725 1999	광원의 분포 온도 및 색온도·상관 색온도의 측정 방법	5 상관 색온도 또는 색온도의 측정 방법

2.2.9 연색성 평가수

광원 또는 일루미넌트(조명광)가 그것으로 조명한 각종 물체의 색 외관에 미치는 효과 (그 효과는 의식적 또는 무의식적으로 있는 기준의 일루미넌트와 비교된다.)		
(1) JIS Z 8726 1990	광원의 연색성 평가 방법	6 연색 평가수를 구하는 법

2.2.10 주 파장(도미넌트 파장)

특정의 무채색 자극과 적당한 비율로 첨가·혼색하는 것에 의해서 시료색 자극과 같은 색이 되는 단색광 자극의 파장.		
(1) CIE127 1997	Measurement of LEDs	7.3.1 Dominant wavelength
(2) CIE127.2(4th Draft) 1997	Measurement of LEDs	7.3.1 Dominant wavelength
(3) EIAJ ED-4911 1993	발광 다이오드 측정 방법	6.15 색도 측정

2.2.11 피크 발광 파장

규정의 동작전류로 광출력이 최대치가 되는 파장.		
(1) CIE127 1997	Measurement of LEDs	7.2.1 Peak wavelength
(2) CIE127.2(4th Draft) 1997	Measurement of LEDs	7.2.1 Peak wavelength
(3) EIAJ ED-4911 1993	발광 다이오드 측정 방법	6.14 스펙트럼 분포, 피크 파장, 반치폭 측정
(4) JIS C 5950 1997	광전송용 발광 다이오드 통칙	2(11) 피크 발광 파장
(5) JIS C 5951 1997	광전송용 발광 다이오드 측정 방법	6.10 피크 발광 파장 및 스펙트럼 반치폭
(6) JIS C 7035 1985	발광 다이오드(표시용)	부록 2 3전기·광학적 특성
(7) JIS C 7036 1985	발광 다이오드 측정 방법 (표시용)	2(7) 피크 발광 파장 8.4 피크 발광 파장 및 스펙트럼 반치폭

2.2.12 내부 양자 효율

내부에 흡수된 전자(양자)의 수에 대한, 내부에서 발생한 광자(양자) 수의 비.

2.2.13 외부 양자 효율

외부로부터 주어진 전자(양자)의 수에 대한, 외부에 방출한 광자(양자) 수의 비.

2.2.14 발광 효율(광원 효율)

광원이 발하는 전 광속을 그 광원의 소비 전력에서 제한 값.

2.2.15 방사속

방사로서 방출되는 파워로, 단위시간 당 방사 에너지의 비율.

(1) EIAJ ED-4911 1993	발광 다이오드 측정 방법	2.2(2) 방사속 6.10 방사속 측정
(2) JIS C 5950 1997	광전송용 발광 다이오드 통칙	2(6) 광출력
(3) JIS C 5951 1997	광전송용 발광 다이오드 측정 방법	6.6 광출력 6.7 적분구를 이용한 광출력

2.2.16 CIE 평균화, LED 광도

LED의 선단을 정점으로 하여 측광축을 정점으로부터 내려 그은 수선(중심선)인 원추 내의 광속을 원추의 밑면에 대응하는 입체각에 대해서 평균한 광도.

(1) CIE127 199	Measurement of LEDs	5.3 Averaged LED intensity
(2) CIE127.2(4th Draft) 1997	Measurement of LEDs	4.3 Averaged luminous intensity
(3) JIS C 8152	조명용 백색 발광 다이오드 (LED)의 측광 방법	3.4 CIE평균화, LED광도 7.2 CIE평균화, LED광도

2.3 온도 및 열 특성에 대한 규격·시험 방법

2.3.1 주위 온도

(1) CIE84 1989	The Measurement of Luminous Flux	8.4 Ambient temperature
(2) CIE127 1997	Measurement of LEDs	2.2.4 Ambient temperature
(3) CIE127.2(4th Draft) 1997	Measurement of LEDs	2.2.5 Ambient temperature
(4) EIAJ ED-4910 1995	발광 다이오드	부록 2 표 1 2.2.2(3) 주위 온도
(5) EIAJ ED-4911 1993	발광 다이오드 측정 방법	4.1(1) 온도
(6) JIS C 8152	조명용 백색 발광 다이오드 (LED)의 측광 방법	6 점등 조건 부록 A 부록 B B.1 LED 측정시의 온도 관리
(7) JIS C 5950 1997	광전송용 발광 다이오드 통칙	6. 최대정격 (비고2) 부록 1 표1 (주3)
(8) JIS C 5951 1997	광전송용 발광 다이오드 측정방법	3. 측정의 상태
(9) JIS C 7035 1985	발광 다이오드(표시용)	부록 2 표 1 부록 3 2.2.2(3) 주위온도
(10) JIS C 7036 1985	발광 다이오드 측정 방법 (표시용)	4.1 온도

2.3.2 열 특성

(1) EIAJ ED-4911 1993	발광 다이오드 측정방법	6.6 접합 온도, 열저항(R_{th}) 측정

2.4 수명에 대한 규격·시험 방법

2.4.1 수명

(1) JIS C 5950 1997	광전송용 발광 다이오드 통칙	부록 2 표 1 환경 시험 및 내구성 시험
(2) JEL 811 2005	조명용 백색 LED 모듈 안전성 요구 사항	3.21 LED 수명

[참고] 수명 추정에 대한 논문 등

(1) A. Welsh Jr., L. Fu, W. W. So and H. Yuan : "Die-Attach Epoxy Reliability of InGaN LED's", *Solid State Lighting* Ⅱ, Proceedings of SPIE, vol.4774(2002), pp. 68-73.

(2) S. F. Jacob : 3rd International Conference on Solid State Lighting, "Maximizing Useful SLL Lifetime", *Proceedings of SPIE*, vol.5187(2003), pp. 76-84.

(3) N. Narendran, L. Deng, R. M. Pysar, Y. Gu and H. Yu : "Performance Characteristics of High-Power Light-Emitting Diodes", 3rd International Conference on Solid State Lighting, *Proceedings of SPIE*, vol.5187(2003), pp. 267-275.

(4) Y. Gu, N. Narendran and J. P. Freyssinier : "White LED Performance", 4th International Conference on Solid State Lighting, *Proceedings of SPIE*, vol.5530(2004), pp. 119-124.

(5) D. L. Barton, M. Oshinski, P. Perlin, P. G. Eliseev and J. Lee : "Single-quantum well InGaN green light emitting diode degradation under high electrical stress", *Microelectronics Reliability* 39(1999), pp. 1219-1227.

(6) T. Yanagisawa : "Estimation of the Degradation of InGaN/AlGaN Blue Light-Emitting Diodes", *Microelectron. Reliab.*, vol.37(1997), No. 8, pp. 1239-1241.

(7) A. Nakanishi and T. Moriyama : "Life-time Projection of white LED for Lighting", 「H16 照明學會大會豫稿集」(2004), pp. 229.

(8) S. Ishizaki, H. Kimura, M. Sugimoto : "Estimating Life Time of High Power White LED", 「H17 照明學會大會豫稿集」(2005), pp. 242.

신뢰성에 대한 규격·시험 방법

2.5.1 열적 환경 시험

납땜 내열 시험 (납땜 시 열에 대한 내구성 시험. 딥(DIP) 시험과 리플로 시험이 있다.)

(1) EIAJ ED-4701/300	반도체 디바이스의 환경 및 내구성 시험방법(강도시험 I)2001년 8월	시험방법 302 납땜 내열성 시험(SMD이외)
(2) MIL-STD-750-1995	Test methods for semiconductor devices	2031.2 Soldering heat
(3) JIS C 60068-2-20 1996	환경 시험방법–전기·전자–납땜 시험방법	
(4) EIAJ ED-4701/300	반도체 디바이스의 환경 및 내구성 시험방법(강도시험 I)2001년 8월	시험방법 301 납땜 내열성 시험(SMD)
(5) JIS C 60068-2-58 2002	환경 시험 방법–전기·전자–표면 실장부품(SMD)의 납땜 붙임성, 전극의 납땜 내식성 및 납땜 내열성 시험방법	

온도 사이클 시험 (온도변화에 대한 내구성 시험)

(1) EIAJ ED-4701/100	반도체 디바이스의 환경 및 내구성 시험방법(수명시험 I)2001년 8월	시험방법 105 온도 사이클 시험
(2) MIL-STD-883F-2004	Test methods and procedures for microelectronics	1010.8 Temperature cycling

열 충격 시험 (급격한 온도 변화에 대한 내구성 시험)

(1) EIAJ ED-4701/300	반도체 디바이스의 환경 및 내구성 시험방법(강도시험 I)2001년 8월	시험방법 307 열 충격 시험
(2) MIL-STD-883F-2004	Test methods and procedures for microelectronics	1011.9 Thermal shock

온습도 사이클 시험 (온습도 변화에 대한 내구성 시험)

(1) EIAJ ED-4701/200	반도체 디바이스의 환경 및 내구성 시험방법(수명시험 II)2001년 8월	시험방법 203 온습도 사이클 시험
(2) MIL-STD-883F-2004	Test methods and procedures for microelectronics	1004.7 Moisture resistance
(3) JIS C 60068-2-38 1988	환경 시험방법(전기·전자), 온습도 조합(사이클) 시험방법	

2.5.2 기계적 환경 시험

진동 시험(가변주파수) (수송 및 사용 중에 있어서의 진동에 대한 내구성 시험)		
(1) EIAJ ED-4701/400	반도체 디바이스의 환경 및 내구성 시험방법(강도시험Ⅱ)2001년 8월	시험방법 403 진동시험
(2) MIL-STD-883F-2004	Test methods and procedures for microelectronics	2007. 3. Vibration, variable frequency
(3) JIS C 60068-2-6 1999	환경 시험방법–전기·전자–정현파 진동 시험방법	

충격 시험 (수송 및 사용 중에 있어서의 충격에 대한 내구성 시험)		
(1) EIAJ ED-4701/400	반도체 디바이스의 환경 및 내구성 시험방법(강도시험Ⅱ)2001년 8월	시험방법 404 충격 시험
(2) MIL-STD-883F-2004	Test methods and procedures for microelectronics	2002. 4. Mechanical shock
(3) JIS C 60068-2-27 1995	환경 시험방법–전기·전자–충격 시험방법	

정가속도 시험 (수송 및 사용 중에 있어서의 정가속도에 대한 내구성 시험)		
(1) EIAJ ED-4701/400	반도체 디바이스의 환경 및 내구성 시험방법(강도시험Ⅱ)2001년 8월	시험방법 405 정가속도 시험
(2) MIL-STD-883F-2004	Test methods and procedures for microelectronics	2001. 2. Constant acceleration
(3) JIS C 60068-2-7 1993	환경 시험방법–전기·전자–가속도(정상) 시험방법	

단자 강도 시험 (단자 부분이 수송 및 사용 중에 인가되는 힘에 대한 내구성 시험)		
(1) EIAJ ED-4701/400	반도체 디바이스의 환경 및 내구성 시험방법(강도시험Ⅱ)2001년 8월	시험방법401 단자 강도 시험
(2) MIL-STD-883F-2004	Test methods and procedures for microelectronics	2004. 5. Lead integrity
(3) JIS C 60068-2-21 2002	환경시험방법–전기·전자–단자 강도 시험방법	

2.5.3 기타 환경 시험

염수 분무 시험 (염수 환경에서의 부식에 대한 내구성 시험)

(1) EIAJ ED-4701/200	반도체 디바이스의 환경 및 내구성 시험방법(수명시험Ⅱ)2001년 8월	시험방법 204 염수 분무 시험
(2) MIL-STD-883F-2004	Test methods and procedures for microelectronics	1009.8 Salt atmosphere (corrosion)
(3) JIS C 60068-2-11 1989	환경 시험방법(전기·전자), 염수 분무 시험방법	

기밀성 시험 (디바이스의 기밀성을 평가한다)

(1) EIAJ ED-4701/500	반도체 디바이스의 환경 및 내구성 시험방법(기타 시험) 2001년8월	시험방법 503 기밀성 시험
(2) MIL-STD-883F-2004	Test methods and procedures for microelectronics	1014.11 Seal
(3) JIS C 60068-2-17 2001	환경 시험방법-전기·전자-봉지(기밀성) 시험방법	

납땜성 시험 (단자 부분의 납땜 누설성을 평가한다)

(1) EIAJ ED-4701/300	반도체 디바이스의 환경 및 내구성 시험방법(강도시험Ⅱ)2001년 8월	시험방법 303 납땜 붙임성 시험
(2) MIL-STD-883F-2004	Test methods and procedures for microelectronics	2003. 8. Solderability
(3) JIS C 60068-2-20 1996	환경 시험방법-전기·전자-납땜 시험방법	

정전 파괴 시험 (정전기에 대한 내성을 평가한다)

(1) EIAJ ED-4701/300	반도체 디바이스의 환경 및 내구성 시험방법(강도시험Ⅱ)2001년 8월	시험방법 304 인체 모델 정전 파괴 시험 (HBM/ESD)
(2) MIL-STD-883F-2004	Test methods and procedures for microelectronics	3015.7 Elastic discharge sensitivity classification

2.6.1 전기적 안전성

(1) JEL811 2005	조명용 백색 LED 모듈의 안전성 요구 사항	6. 감전에 대한 보호(충전부분의 노출에 대해) 7.1 절연 저항(충전부와 사람이 손 댈 가능성이 있는 부분의 전기 특성에 대해) 7.2 내전압성(충전부와 사람이 손 댈 가능성이 있는 부분의 전기 특성에 대해) 13. 보호 접지(접지 단자에 대해) 14. 과전력 시험(과전력치에 의한 점등 상태에 대해) 15. 고장 상태에 있어서의 안전성(고장 상태에서의 안전성에 대해) 17. 연면거리 및 공간 거리(절연 거리의 최저 요구 사항에 대해)

2.6.2 기계적 안전성

(1) JEL811 2005	조명용 백색 LED 모듈의 안전성 요구 사항	8. 나사, 충전부 및 접속부(충전부 기계적 접속 부분의 기계적 응력에 대해) 9. 단자[Terminal](전선을 고정하기 위한 단자에 대해) 10. 전기 접속(꼭지쇠, 커넥터 및 단자에 대해) 11. 내열성(절연부품 및 전격 보호용 절연부품의 내열성에 대해) 12. 내난연성(절연부품 및 전기충격 보호용 절연부품의 내염성, 내착화성, 내화성에 대해) 16. 구조(절연에 사용해서는 안 되는 재료에 대해)

2.6.3 생체적 안전성

(1) CIE S 009/ E2002	Photo biological Safety of Lamps and Lamp Systems (조명용 광원과 광생물적 장해에 대해)	
(2) JIS TS C 0038 2004	램프 및 램프 시스템의 광생물학적 안전성	
(3) IEC 60825-1	Safety of laser products	제1부 : 기기의 등급 구분, 요구사항 및 사용자의 안내[과도한 빛 조사에 의해 유기되는 인체(눈과 피부)에 대한 병리학적 작용에 대해]
(4) JIS C 6802 2005	레이저 제품의 안전기준	
(5) JEL811 2005	조명용 백색 LED 모듈의 안전성 요구 사항	18. 발광 안전(집광이나 확산될 발광에 대한 안전성)
(6) 21CFR Chapter 1 Subchapter J	Radiological health Part1000~1040[미국 FDA]	

2.7 LED 관련 규격 및 시험기관

2.7.1 국내 LED 관련 규격 및 시험기관

(1) LED 관련 시험기관	−KS 인증 및 고효율에너지기기자재 인증 • 한국기계전기전자시험연구원(구, 한국전기전자시험연구원) • 한국화학융합시험연구원(구, 한국전자파연구원) • 한국광기술원 • 한국산업기술시험원 • 한국조명연구원
(2) LED 관련 규격 정보 검색	• 한국표준정보망 • 한국산업표준(KS:KIS) : 국가표준종합정보센터 • 지식경제부 기술표준원 고효율에너지기기자재 보급촉진에 관한 규정(지식경제부 고시) • 에너지관리공단/고효율에너지기기자재 인증 • KSA한국표준협회/LED조명 KS 인증 실무 가이드
(3) LED 관련 협회	• 한국광산업진흥회 • 한국LED보급협회 • 한국LED조명공업협동조합
(4) 조명 관련 신문	• 한국조명산업신문/세계 최초의 조명 신문/ 대한민국 최초, 유일의 조명산업

(5) LED 관련 시험 규격	• KS 규격
	  KSC 7528 LED 교통신호등
	  KSC 7651 컨버터 내장형 LED램프의 안전 및 성능요구사항
	  KSC 7652 컨버터 외장형 LED램프의 안전 및 성능요구사항
	  KSC 7653 매입형 및 고정형 LED등기구의 안전 및 성능요구사항
	  KSC 7655 LED 모듈 전원공급용 컨버터의 안전 및 성능요구사항
	  KSC 7656 이동형 LED등기구의 안전 및 성능요구사항
	  KSC 7657 LED센서 등기구의 안전 및 성능요구사항
	  KSC 7658 LED가로등 및 보안등기구의 안전 및 성능요구사항
	  KSC 7659 문자 간판용 LED모듈의 안전 및 성능요구사 항
	  KSA 3011 한국산업규격조도기준
	• 지식경제부 고시(고효율에너지기기자재 인증)
	  20. LED 교통신호등
	  36. LED유도등
	  39. 컨버터 외장형 LED램프
	  40. 컨버터 내장형 LED램프
	  41. 매입형 및 고정형 LED등기구
	  42. LED보안등기구
	  43. LED센서등기구
	  44. LED모듈 전원 공급용 컨버터

2.7.2 관련 규격 일람과 일본 내 조직

(1) CIE 규격	CIE : Commission Internationale de l'Eclairage(國際照明委員會) 문의처 : (社)日本照明委員會 [http://www.ciejapan.or.jp/] 〒101-0048 東京都千代田區神田司町2-8-4 吹田屋빌딩3F TEL : 03-5294-7200 FAX : 03-5294-0102
(2) EIAJ 규격 (현 JEITA 규격)	JEITA : Japan Electronics and Information Technology Industries Association(전자정보기술산업협회) 문의처 : (社)電子情報技術産業協會(標準技術部) [http://www.jeita.or.jp/] 〒101-0065東京都千代田區西神田3-2-1 TEL : 03-5212-8125
(3) IEC 규격	IEC : International Electrotechnical Commission(국제전기표준회의) 문의처 : (財)日本規格協會 普及事業部 [http://www.jsa.or.jp/] 〒107-8440　東京都港區赤坂4-1-24　TEL : 03-3583-8042
(4) ISO 규격	ISO : International Standardization Organization(국제표준화기구) 문의처 : (財)日本規格協會 普及事業部 [http://www.jsa.or.jp/] 〒107-8440　東京都港區赤坂4-1-24　TEL : 03-3583-8042
(5) JIS 규격	JIS : Japanese Industrial Standard(일본공업규격) 문의처 : (財)日本規格協會 普及事業部　[http://www.jsa.or.jp/] 〒107-8440　東京都港區赤坂4-1-24　TEL : 03-3583-8042
(6) JEL 규격 (JELMA에 의해 제정)	JELMA : Japan Electric Lamp Manufacturers Association (일본전구공업회) 문의처 : (社)日本電球工業會 技術部　[http://www.jelma.or.jp/] 〒101-0021 東京都千代田區外神田6-15-9 TEL : 03-5812-1271
(7) JIL 규격 (JLA에 의해 제정)	JLA : Japan Luminaires Association(일본조명기구공업회) 문의처 : (社)日本照明器具工業會 技術部 [http://www.jlassn.or.jp/] 〒110-0005 東京都台東區上野3-2-1　TEL : 03-3833-5747
(8) MIL 규격	MIL : Military Specifications and Standards(미국군용규격) 문의처 : (財)日本規格協會 普及事業部 [http://www.jsa.or.jp/] 〒107-8440　東京都港區赤坂4-1-24 TEL : 03-3583-8042
(9) 미국연방 규칙	Code of Federal Regulations(미국연방규칙) 문의처 : (財)日本規格協會 普及事業部 [http://www.jsa.or.jp/] 〒107-8440　東京都港區赤坂4-1-24 TEL : 03-3583-8042

(주) 각 규격과 함께 Draft판에 대해서는 원칙상 공개하지 않는다.

03

설계 가이드라인

이 장에서는 백색 LED를 사용한 응용제품 설계에 관한 사항을 설명하고자 한다. 응용제품에도 많은 종류가 있지만, 백색 LED를 사용해 조명기구를 구성하는 것을 중심 과제로 한다. 조명기구는 빛을 발생하는 '광원부', 광원에 전력을 공급하는 '전원 회로부', 광원으로부터의 빛을 이용 형태에 맞추어 적절한 방향으로 제어하는 '배광 제어부', 각 부를 보관 유지하기 위해 감싸는 '광체부(筐體部)' 등으로 구성된다.

광원부에 대해서는 제1장에 자세히 설명되어 있으므로, 우선 '배광 제어'를 행하기 위한 기술인 '광학 설계'에 대해 설명하고, 다음에 LED에 전력을 공급하기 위한 기술인 '회로설계'에 대해 설명한다. 이어 LED의 '장수명'이라고 하는 뛰어난 장점을 현실화하는 기술인 '신뢰성 설계'에 대해서, 끝으로 안심하고 사용하기 위한 다양한 유의사항인 '안전성 설계'순으로 정리했다.

LED조명 실현의 지표로서 종래 광원과 비교해서 LED 발광 효율(lm/W)의 상승이 주목받고 있지만, 이 값은 광원부의 효율을 나타내는 것이어서 실제로 사람이 생활하는 방을 조명하는 경우는 전원회로를 통해 공급된 전력에 조명기구의 광학계를 개입시켜 빛을 이용한다는 사실을 염두에 두어야 한다. 즉, 전원회로의 변환 효율과 조명기구의 광학적인 효율에 광원의 효율을 곱한 값이 조명 시스템으로서의 효율이 되는 것이다. 광학계나 회로부도 LED 소자 자체와 같이 큰 역할을 하고 있는 점을 이 장에서 이해시키고자 한다.

광학 설계

LED 칩은 다른 광원에 비해 사이즈가 작고 배광 제어가 비교적 용이하다는 장점이 있다. 현시점에서는 1개의 소자에서 얻을 수 있는 광속(光速 : 光量, 광량)이 일률적으로 충분하지 않으므로, 필요한 방향으로 광속을 집중시켜 구하는 경우가 많다. 또 여러 개의 소자를 사용할 때는 LED 특유의 성능의 격차가 문제가 되는 일이 있다. 이러한 것을 근거로, 특히 백색 LED 조명기구나 모듈을 만들 때의 광학 설계에 대해 설명하겠다.

3.1.1 요구 사양의 결정

조명기구나 모듈을 만드는 경우는 고객의 요구를 잘 이해하고 배치하는 장소, 조명 장소의 조건·밝기·광색·비용 등의 사양을 결정해야 한다.

3.1.2 LED 칩·소자(素子)의 결정

우선 요구 사양이 있는 LED 칩·소자를 선정한다. 제조사가 갖고 있는 데이터 시트 중 광도·색도·지향 특성 등에서 그 조명기구나 모듈에 맞는 것을 선정한다. 또한 LED는 광량·광색에 불균형이 있으므로, 조명으로 사용할 때는 상당한 주의가 필요하다. 특히 LED 칩·소자를 여러 개 사용했을 경우, 조사한 빛에 명암이나 색이 다르게 나오는 경우가 있으므로 가능한 한 대책을 강구할 필요가 있다. 현재 상태로서는 랭크 지정이나 랭크 선별 등을 실시해, 대책을 마련하고 있다. 그 이외로서는 광학 설계 시 확산 기능을 배치해 확산시키고 눈에 띄지 않게 하는 경우도 있다. 확산 기능에 대해서는 다음 광학 설계에서 자세하게 기재했다. 뿐만 아니라 배치하는 장소 등에 따라 LED 사이즈가 정해지기도 한다.

3.1.3 광학 설계

(1) 광원 파악

LED가 결정되면 사양 요구를 충족하기 위한 광학 설계에 들어간다. 광학 시뮬레이션 소프트 등을 사용해서 렌즈나 반사경 등의 광학 부품을 설계한다. LED 패키지를 사용할 때는 패키지의 도면을 입수해, 소자의 위치나 크기, 반사경 등의 광학 부품의 형상 등도 고려하지 않으면 실제와 매우 다른 결과가 나오므로 주의해야 한다. LED 칩은 점광원이라고 생각하기 쉽지만, 소자에는 면적이 있으므로 면발광이라고 생각할 필요가 있다. 그 면의 각각의 포인트에서 여러 방향으로 빛이 나오므로, 그 점에 주의하면서 광학 설계를 행해야 한다.

(2) 렌즈 설계

렌즈를 설계할 때는 우선 재질을 선정할 필요가 있다. 요구 사양을 기초로 재질을 결정하는데 렌즈에 사용하는 재질은 유리나 플라스틱이 일반적이고, 재질이나 등급에 의해서 굴절률이나 투과율이 다르므로, 제조사가 갖고 있는 데이터 시트 등에서 확인해 둘 필요가 있다. 또 온도 변화에 의해 이러한 파라미터가 변동하기도 하므로 주의해야 한다.

데이터가 모이면 스넬의 법칙에 따라서 광학 설계를 행한다. 스넬의 법칙이란 다른 2종류의 재질(예를 들면 유리와 공기 등의 매질)이 있을 때, 그 경계면에 들어오는 빛의 각도(입사각)와 나오는 빛의 각도(출사각)의 관계를 나

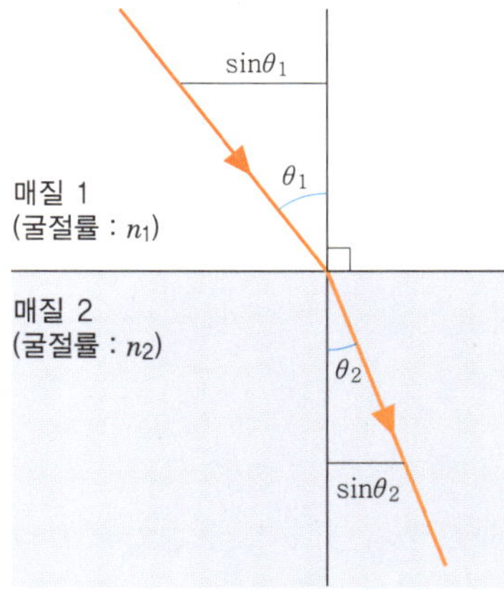

|그림 3.1-1| 스넬의 법칙의 설명도

|표 3.1-1| 주된 매질의 굴절률

공기	1
물	1.33
아크릴	1.49
수정	1.54
폴리카보네이트	1.59
광학유리	1.45~1.92
사파이어	1.76

타낸 것이다(「그림 3.1-1」, 「표 3.1-1」).

입광측의 매질의 굴절률을 n_1, 입사각을 θ_1이라 하고, 출광측의 매질의 굴절률을 n_2, 출사각을 θ_2로 하면 다음과 같은 식이 성립된다.

$$n_1 \sin \theta_1 = n_2 \sin \theta_2$$

또한 LED의 열에 의해 주변 재료와 렌즈의 선팽창계수의 차이로 인해 파괴가 일어날 수 있기 때문에 구조설계 시 주의할 필요가 있다.

(3) 리플렉터의 설계

리플렉터를 필요로 하는 경우, 리플렉터의 설계를 한다. 리플렉터도 렌즈와 마찬가지로 재질의 선정부터 시작하며 재질의 특성을 잘 이해하고 설계하는 것이 중요하다. 소요의 성능을 발휘하지 않는 경우는 증착이나 도금 등으로 표면 처리를 하여 반사 효율을 높일 수도 있다. 리플렉터를 LED의 방열재로 이용하는 경우도 있지만, 이 경우는 렌즈 설계의 항에서도 언급한 바와 같이 주변 재료와의 선팽창계수의 차이에 주의하여야 한다.

(4) 조사광의 얼룩 대책

백색 LED는 청색발광의 칩과 황색발광의 형광체의 조합으로 백색광을 얻는 방법, 또는 RGB의 칩을 사용하여 빛의 3원색을 합쳐서 백색광을 얻는 방법이 일반적이다. 그 결과, 조명기구나 모듈 빛의 조사면에 색 얼룩이 발생하게 된다.

또는 LED 칩·소자의 선정 항에서 설명했듯이 여러 개의 소자를 사용할 때에 나오는 빛의 명암이나 광색의 불균일에 대해서도 대책이 필요하다. 그 외에는, 일반적인 전극의 와이어 본딩(bonding)에 있어서 그 와이어가 그림자로 되어 조사하는 빛에 영향을 내는 경우가 있다. 이에 대한 대책으로 광학 설계를 통해 확산 기능을 배치하는 방법이 있다.

그러나 광속을 집중시킬 목적이 있는 경우 확산 기능의 배치 방법에는 몇 가지 고려해야 할 점이 있다. 예를 들면 렌즈나 도광체(導光體)에 광학 패턴을 배치하고 확산시키는 방법이 있지만, 그 경우 광속을 집중시키는 렌즈나 도광체의 앞, 즉 LED의 입광측에 배치하지 않으면, 모처럼 집광한 빛이 확산하기 때문에 사양의 요구를 충족시키지 못하는 경우가 생긴다. 기타 여러 가지 방법이 있지만, 어느 방법이든 이런 확산 기능을 갖게 하는 것은 광량의 감소로 연결되기 때문에 주의가 필요하다.

(5) 글레어(glare)의 저감

LED는 사이즈가 작은 데다 조명 용도로는 고휘도화를 요구하기 때문에 글레어(눈부심)의 문제가 발생한다. 조명 설계에 있어서 눈부심을 감소시키는 것이 중요하며, 쾌적한 조명 환경을 만들기 위해서는 충분한 배려가 필요하다.

회로 설계

LED는 기존 광원인 백열전구나 형광 램프에 비해 매우 낮은 전압과 작은 전류로 점등한다. 또한, 한 방향으로만 전류가 흐르는 특성상 고속으로 점멸이 가능한 특징이 있다. LED를 점등시키기 위해서는 그 고유의 특성을 파악하고 잘 활용한 점등회로 및 점등제어를 실현하는 것이 중요하다.

또한 LED 점등회로에는 반드시 전원장치(전원회로)가 필요하다. LED를 이용한 조명기구, 또는 사인 디스플레이 장치에서 이 전원회로는 기구 또는 장치 전체의 성능을 크게 좌우하게 된다. 따라서 이 전원장치(전원회로)와 LED 점등회로와의 매칭이 중요하다.

이 절에서는 우선 LED 점등회로를 설계하는 데 필요한 여러 가지 기본 요소 및 대표적인 점등 방식을 해설하고 LED의 특징을 활용한 점등제어에 대해 소개하겠다. 이어 LED 점등회로에 적합한 전원회로와 그 대표적 예를 설명하며 또한 전원 시스템에 요구되는 각종 성능에 대해서도 소개하겠다.

3.2.1 LED 점등회로

(1) 밝기와 전류

LED의 점등회로 설계에는 밝기의 결정과 그에 필요한 순전류(順電流)에 대한 조사가 필요하다. LED를 점등시키기 위해서는 소정의 전류가 흐르도록 해야 하는데 이 전류를 순전류 I_F라고 한다. 순전류는 점등시키는 밝기(광도 I_V)에 따라 설정할 필요가 있고 제조업체의 카탈로그나 데이터 시트상의 「I_V-I_F 특성」 그래프(「그림 3.2-1」)에서 그 관계를 확인할 수 있다.

LED는 수 mA 레벨의 미소한 순전류에서도 점등하고, 또 경미한 순전류의 변화에 따라 밝기가 크게 변화하는 것이 특징이다.

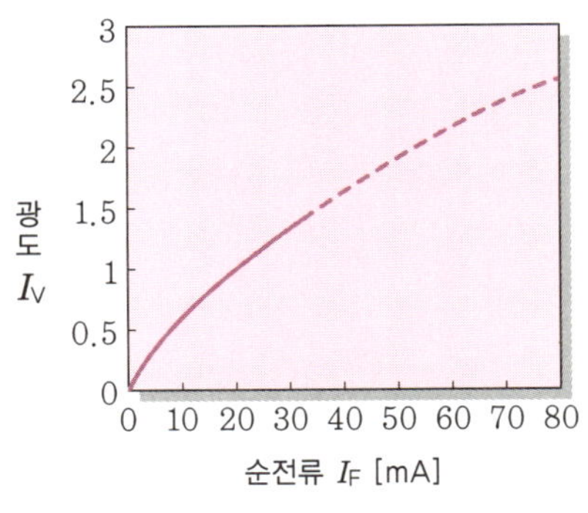

|그림 3.2-1| 「I_V–I_F 특성」 그래프의 예

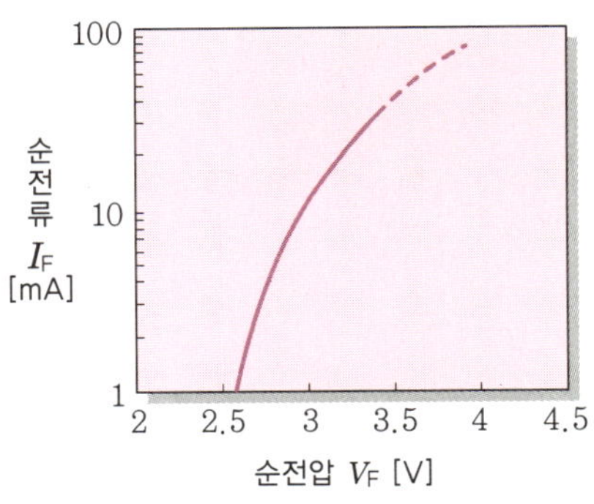

|그림 3.2-2| 「I_F–V_F 특성」 그래프의 예

(2) 전류와 전압

LED에 순전류를 흐르게 하면 그 크기에 따라 전극 사이에 수 V의 전위차가 발생하는데 이 전압을 순전압 V_F라고 한다. 순전압은 LED 점등회로의 전원 전압이나 LED의 접속 구성을 결정하는 요소가 되기 때문에 순전류와의 관계를 제조업체의 카탈로그나 데이터 시트상의 「I_F–V_F 특성」에 의해 파악하는 것이 필요하다.

회로설계에 있어서는 이상 (1) (2)의 특성을 잘 파악하는 것이 중요하다.

(3) 점등방식

다음은 주요한 점등방식의 특징을 보여준다. 각 방식의 득실을 고려하여 선택할 필요가 있다.

① 정전압 점등방식

LED에 인가하는 전압을 일정하게 하여 원하는 순전류 I_F를 확보하는 방식으로 제한저항식이라고도 한다. 회로가 간단하고 저가로 실현 가능한 가장 전통적 방식이다. 그러나 LED의 순전압 V_F가 편차나 자기 발열에 의해 변화한 경우, 순전류도 변화하기 때문에 밝기에 영향을 미친다. 또한 저항 R에서의 열 손실 발생도 고려할 필요가 있다.

「그림 3.2-3」에서의 저항 R은 그 목적을 생각하여 제한저항이라고도 부르는데, LED의 순전류를 제한하는 기능을 한다. LED에는 백열전구와 같은 저항 성분이 없기 때문에 외부에서 전류를 제한할 필요가 있다. 저항치의 결정은 LED의 특성 그래프에서, 흐르게 하고자 하는 순전류 I_F에 대한 순전압 V_F를 읽고 회로의 $E = I_F R + V_F$의 관계에 대입하여 구한다.

전원전압 E는 작게 할수록 저항에서의 열 손실($=I_F^2R$)을 줄일 수 있다는 장점이 있다.

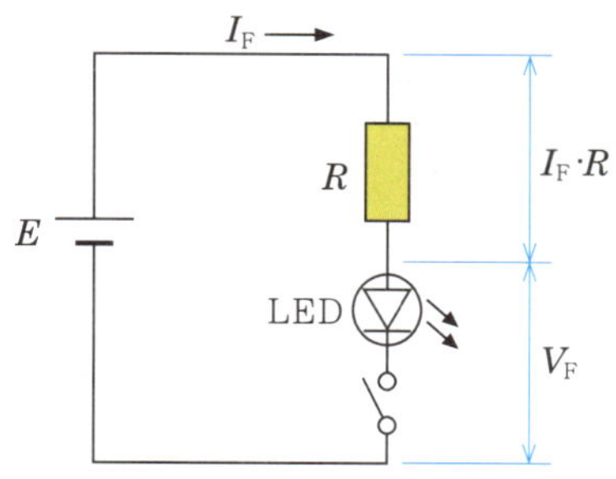

|그림 3.2-3| 정전압 점등방식

② 정전류 점등방식

정전류 회로에 의해 LED의 순전류 I_F를 일정하게 하는 방식이다. 회로 구성은 다소 복잡하게 되지만 열 손실을 억제할 수 있고 점등 효율성을 향상시킬 수 있다. 또한 LED의 순전압 V_F의 편차나 온도 변화에 따른 영향도 줄일 수 있다. 이 방식은 정전류 회로를 어떻게 구성하는가가 요점이다. 「표 3.2-1」에 대표적인 정전류 회로(定電流回路)를 보여준다.

|표 3.2-1| 정전류 회로(定電流回路)의 대표적 예

방식	① 정전류 다이오드	② 트랜지스터	③ 정전류 IC
등가 회로			
개요	일정한 전류가 흐르는 정전류 다이오드(current regulative diode)를 사용하는 방식	트랜지스터의 베이스 전압 V_B를 일정하게 유지하고 일정한 전류 $I_F=(V_B-V_{BE})/R_3$를 얻는 방식	LED 구동용으로서 시판되고 있는 전용 IC를 사용하는 방식
특징	단순한 구성이지만 순전류의 설정 자유도가 다소 작은 방식. 또 자기발열에 의해 전류가 저감하는 특성을 갖기 때문에, 경우에 따라서는 온도보상 등의 대책도 필요하게 된다.	다소 복잡하지만, 비교적 안정된 순전류를 확보하기 쉬운 방식. 정전압 다이오드(ZD)의 대신에 저항을 이용하는 경우도 있다.	ON/OFF 제어기능도 갖는다. 다른 방식보다 부품 비용이 높지만 복수의 LED를 구동할 경우는 회로의 공간 절약에 유리하다.

③ 듀티(duty) 제어방식

LED의 밝기를 제어하는 방식의 하나이다. LED의 밝기는 순전류 I_F의 값에 의해 설정할 수 있지만 순전류의 미세한 변화에도 밝기가 크게 변화하기 때문에 밝기의 제어가 어려운 경우가 있다. 또한 순전류를 작게 하면 점등 파장(색조)도 변동하게 된다. 이를 회피하기 위해 일정한 순전류로 점등하고 있는 LED를 빠르게 점멸시킴으로써 외형의 밝기를 제어하는 것이 듀티 제어방식이다. 사람의 눈에는 잔상 기능이 있기 때문에 약 10 ms 미만의 주기로 점멸하는 조명을 연속적인 조명으로 보여줄 수 있다. 「그림 3.2-4」는 정전압 방식에 의한 응용 사례를 보여주지만 정전류식에도 응용할 수 있다.

여기에서 '듀티'란 점멸주기(=점등시간 T_{ON}＋소등시간 T_{OFF})에 대한 점등시간의 비율을 백분율로 나타낸 것이다(「그림 3.2-5」). 제어회로에서 듀티를 조작하면 쉽게 밝기의 변경이 가능하다.

또한, LED는 백열전구와 같은 잔광 현상이 없으므로 점멸주기를 길게 하면 어른거림이 인식되어 버리는 경우가 있다. 반대로 점멸주기를 짧게 하는 경우에는 LED의 응답 속도를 확인할 필요가 있다.

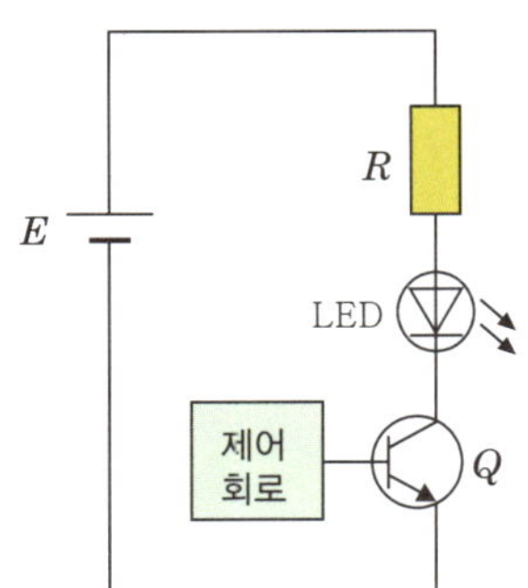

│그림 3.2-4│ 듀티 제어회로

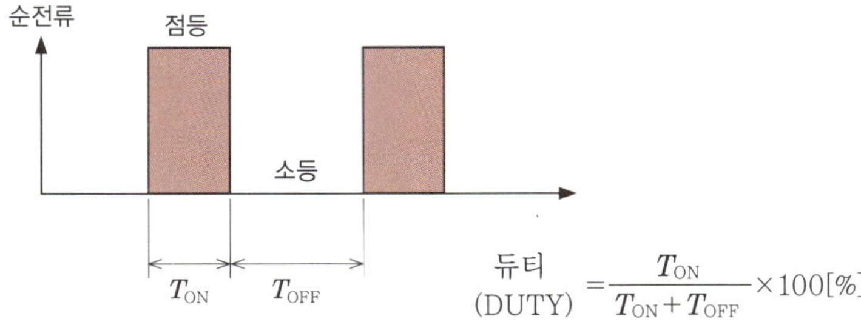

$$\text{듀티(DUTY)} = \frac{T_{ON}}{T_{ON}+T_{OFF}} \times 100[\%]$$

│그림 3.2-5│ 점등제어 타임 차트

LED 집합회로

(1) 일제점등방식

복수의 LED를 일제히 점등시킬 경우에 대표적인 방식은 「표 3.2-2」와 같다.

|표 3.2-2| 일제점등회로의 대표적 예

방식	① 직렬방식	② 병렬방식	③ 직병렬방식
등가 회로			
개요	전원 전압 E를 크게 하고 싶은 경우에 유효하다. 단, LED가 쇼트 모드에서 고장난 경우, 저항에 가해지는 전압이 상승하여 순전류가 상승하기 때문에 정격 전류를 초과하지 않도록 주의가 필요하다. 또한 LED가 오픈 모드에서 고장난 경우, 모든 LED가 점등되지 않을 위험이 있다.	복수의 LED를 낮은 전압으로 점등시키고 싶은 경우에 유효하다. 단, LED의 순전압의 편차가 큰 경우, 전류가 순전압이 낮은 LED에 치우치기 때문에 밝기의 편차가 현저하게 나타난다. 또한 LED가 쇼트 모드에서 고장난 경우, 모든 LED가 점등되지 않을 위험이 있다.	직렬 방식과 병렬 방식을 조합하여 LED 고장 시의 위험을 감소시킨 방식이다. LED가 쇼트 모드에서 고장난 경우에도 전(후)열 LED의 점등을 유지할 수 있다. LED가 오픈 모드에서 고장난 경우에는 다른 LED의 점등을 유지할 수 있다. 단, 각 LED의 순전류가 변화하기 때문에 전체적인 밝기는 어두워진다.

(2) 개별점등방식

① 스태틱(static) 점등방식

「그림 3.2-6」의 LED 1~4는 각각 대응하는 스위치 S_1~S_4를 조작하여 개별적으로 점멸 제어하는 것이 가능하다. LED가 켜져 있는 동안에는 순전류가 정적(靜的)으로 흐르기 때문에 이러한 방식을 스태틱(static : 靜的, 정적) 점등방식이라고 부른다. 스태틱 점등방식에서는 모든 LED를 동시에 점등시킬 수 있으므로 LED 집합체로서의 밝기를 필요로 할 때 효과적이다. 단, LED의 수만큼 구동부(「그림 3.2-6」에서는 저항 R_1~R_4)가 필요하기 때문에 LED의 수가 많은 경우 회로의 부품 수도 증가한다.

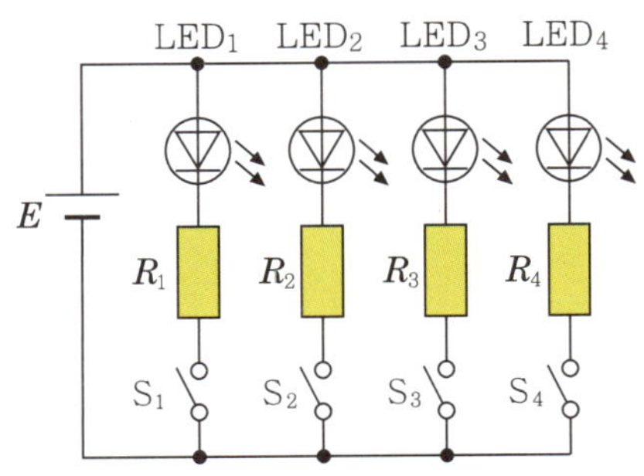

|그림 3.2-6| 스태틱 점등회로

② 다이내믹(dynamic) 점등방식

스태틱 점등방식과 달리 각 LED를 고속으로 순차 점등시키는 것을 반복하여 사람의 눈에 LED가 계속 켜져 있는 것처럼 보이게 하는 방식을 다이내믹(dynamic : 動的, 동적) 점등방식이라고 부른다. 「그림 3.2-7」의 스위치 S_1으로부터 S_4에 절환을 일정한 주기로 행하고, 그 타이밍에 맞추어서 S_5를 조작하는 것으로 각 LED를 개별적으로 점멸시키는 것이 가능하다. 사람 눈의 잔상을 이용하는 점에서는 듀티 제어방식과 비슷하지만 LED를 순차 점등시키기 위해 구동부(「그림 3.2-7」에서는 저항 R)를 집약할 수 있어 회로의 공간 절약이나 비용 절감에 유리하다.

「그림 3.2-7」의 타임 차트에서는 색이 짙고 높이가 높은 펄스 파형(보라색)이 실제의 점등 파형을, 색이 얇고 높이가 작은 파형(분홍색)이 눈에 보이는 모양의 점등 파형을 보여주고 있다. LED의 순간적인 점등 광도를 크게 하여 평균적인 밝기도 크게 할 수 있지만, 순간적인 점등 광도의 크기에 한계가 있기 때문에 큰 평균 광도를 필요로 할 때에는 주의가 요구된다.

「그림 3.2-7」과 같이 LED의 점등주기를 4분할하는 경우에는 1/4듀티라

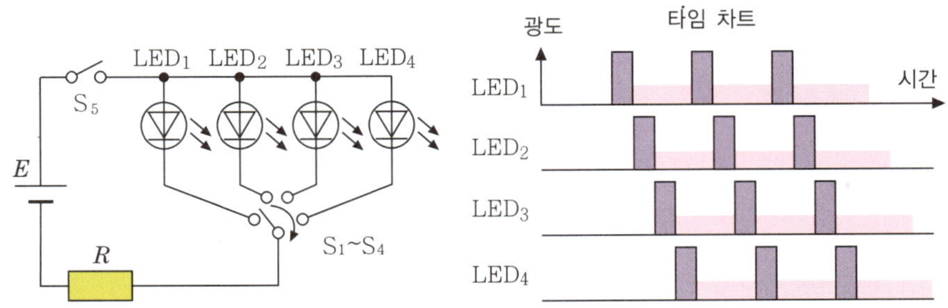

|그림 3.2-7| 다이내믹 점등회로

고 부른다. 또한 순차적으로 점등을 시켜 나가는 행위(「그림 3.2-7」에서는 S₁ 부터 S₄의 절환)를 스캔이라고 부른다. 스캔 속도는 LED의 필요한 광도(겉보기 광도), LED 및 절환 회로의 응답성 등에 따라 결정해야 하며 그로 인하여 듀티 한계치도 정해진다.

3.2.3 전원회로

(1) 직류전원의 필요성

LED를 일반 조명용으로서 이용할 경우 상용(교류)전원에 접속해서 사용하는 것이 일반적이다.

보통 LED를 점등시킬 경우에는 LED에 순바이어스를 걸지 않으면 안 되지만, 예를 들면 「그림 3.2-8」과 같이 상용전원으로 직접 LED를 점등시킬 경우, 부(−)의 반주기는(역전압에 견딜 수 있는 직렬 수라고 가정해서) LED가 소등하고 있기 때문에 사람의 눈에는 어른거려서 보이게 된다. 또 LED의 V_F는 3~4 V 정도이므로, LED에 흐르는 전류를 정격치 이내로 억제하려면 「그림 3.2-8」에서 저항 R의 저항값을 높이든지 LED의 직렬 수를 늘리지 않으면 안 된다. 그러나 저항치를 높이면 거기에서 손실이 늘어나서 효율이 나빠진다. 또한 LED의 어느 것인가가 오픈으로 고장난 경우 직렬에 접속된 모든 LED가 소등되어 버린다. 또, LED가 사용자의 손에 접촉하는 장소에 있을 경우, 사용자는 감전의 위험에 노출된다.

이상과 같은 이유로 상용전원에서 LED를 점등시키는 경우, 안전면·효율면에서 직류 전원을 이용하는 것이 바람직하다고 할 수 있다.

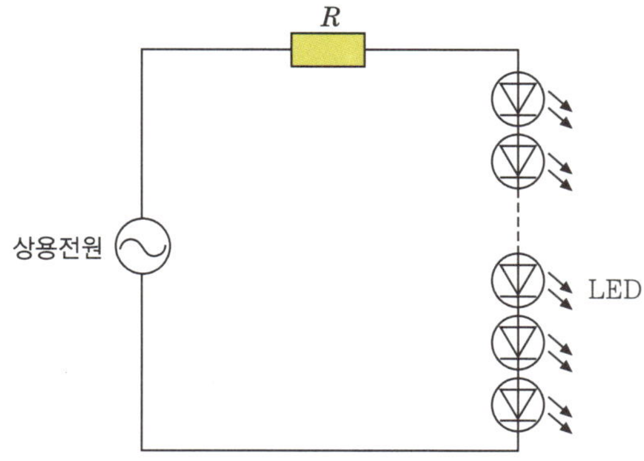

|그림 3.2-8| 상용전원으로 LED를 점등시키는 경우의 일례

(2) 직류전원의 회로방식

① 교류-직류변환회로

교류로부터 LED 구동용의 직류를 얻기 위해서는 ㉠ 상용 변압기로 전압을 변환해서 정류·평활한다, ㉡ 시리즈 레귤레이터를 사용한다, ㉢ 스위칭 전원을 사용한다는 등의 방법이 있다. 이 대표적 회로와 특징은 「표 3.2-3」와 같다.

│표 3.2-3│ 교류-직류변환회로 방식에 의한 비교

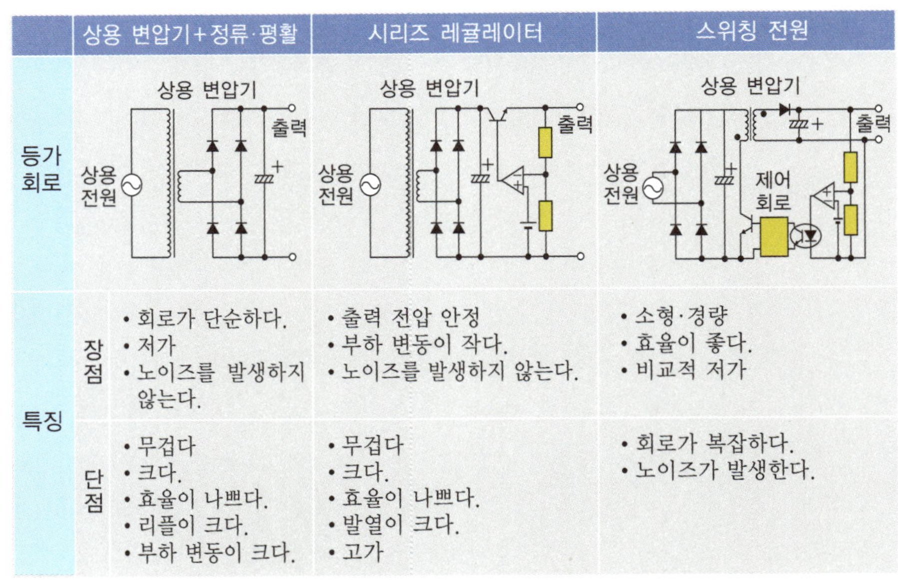

	상용 변압기+정류·평활	시리즈 레귤레이터	스위칭 전원
등가 회로			
특징 장점	• 회로가 단순하다. • 저가 • 노이즈를 발생하지 않는다.	• 출력 전압 안정 • 부하 변동이 작다. • 노이즈를 발생하지 않는다.	• 소형·경량 • 효율이 좋다. • 비교적 저가
특징 단점	• 무겁다 • 크다. • 효율이 나쁘다. • 리플이 크다. • 부하 변동이 크다.	• 무겁다 • 크다. • 효율이 나쁘다. • 발열이 크다. • 고가	• 회로가 복잡하다. • 노이즈가 발생한다.

(출처) 토가와 지로(戶川治朗) :「실용 전원 회로 설계 핸드북」, CQ출판.

② 스위칭 전원

스위칭 전원은 입력된 전압을 반도체소자에 의해 고주파로 스위칭하여 변압기로 전압을 변환해 정류·평활시켜서 LED를 점등시키는 데 필요한 직류전원을 얻고 있다. 스위칭 전원을 각각의 단면에서 대략적으로 분류하면 다음과 같이 된다.

㉠ AC-DC 컨버터, DC-DC 컨버터

AC-DC 컨버터는 상용전원으로부터 직류로 변환하는 스위칭 전원이다. 한편, DC-DC 컨버터는 건전지·배터리 등의 직류 전압으로부터 다른 직류로 변환하는 스위칭 전원이다.

ⓛ 정전압 전원, 정전류 전원

LED를 효율적으로 점등시키기 위해서는 정전류 회로가 바람직하다
는 사실은 이미 언급했다. 특히 최근에는 고출력(고휘도)형의 LED는
정전류 회로가 필수로 여겨지고 있다. 정전압 전원은 일반적으로 널
리 유통되고 있어, 저가에 입수하기 쉽지만 별도의 정전류 회로를 추
가할 필요가 있다. 한편, 정전류 전원은 정 전류 회로를 내장한 스위
칭 전원으로, 최근에 고출력형 LED용으로 일부에서 시판되고 있다.

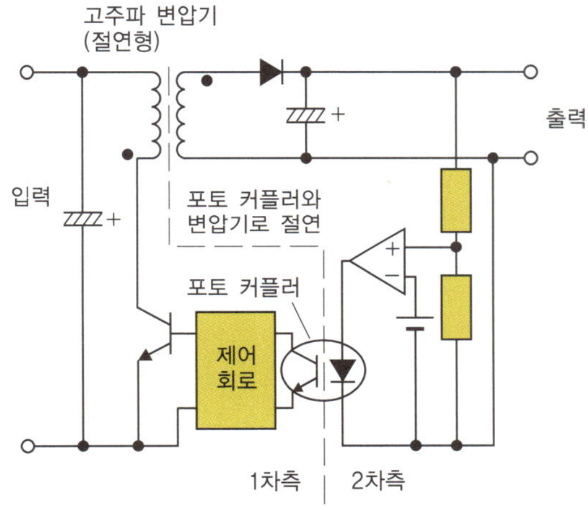

|그림 3.2-9| 1차 2차 절연형

(출처) 토가와 지로(戸川治朗) : 「실용 전원 회로 설계 핸드북」, CQ출판.

ⓒ 1차 2차 절연형, 비절연형

1차 2차 절연형은 「그림 3.2-9」에서 보듯 전원의 1차측과 2차측이
변압기에 의해 절연되어 있는 스위칭 전원이다. 한편, 비절연형은 전
원의 1차측과 2차측이 직결되어 있는 스위칭 전원으로(「표 3.2-4」
참조), 비절연형은 승압형·강압형·승강압형으로 다시 세밀하게 분류
된다.

일반적으로 시판되고 있는 스위칭 전원 중에서 AC-DC 컨버터의 대
부분은 절연형으로 되어 있다. 이것은 안전규격과도 관련되지만 고
장 시에도 안전 저전압을 초과하는 전압이 출력되지 않도록 각 제조
사가 절연형 변압기를 채용하고 있는 것이 그 이유이다(안전규격에
대해서는 「3.4 안정성 설계」 참조). 한편, DC-DC 컨버터에 대해서
는 비절연형도 채용되어 있다.

|표 3.2-4| 비절연형의 분류

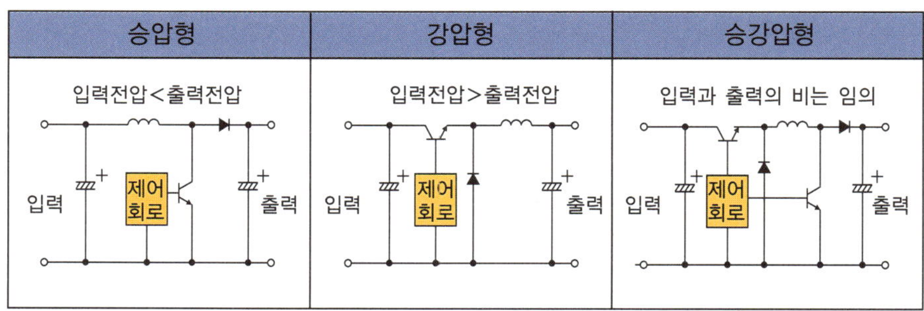

(출처) 토가와 지로(戸川治朗) :「실용 전원 회로 설계 핸드북」, CQ출판.

3.2.4 전원 시스템

(1) 총합 전력효율

전원 시스템으로서의 총합 효율은

> LED 소자의 효율 × 광학계(기구)의 효율 × 전원부의 효율

에 의해 결정된다. 따라서 효율이 높은 시스템을 만들려고 하는 경우, LED 소자의 효율과 같은 중요도에서 전원의 효율도 고려할 필요가 있다.

(2) 입력전력, 피상전력(皮相電力)과 역률

일반적으로 스위칭 전원은 정류기의 바로 뒤에 평활용 콘덴서가 삽입된 콘덴서 입력형이 채용되고 있다. 콘덴서 입력형의 정류 방식에서는 입력 전류가 흐르는 구간(導通角, 도통각)이 좁고 입력 전류의 실효치가 커지기 때문에 피상전력이 커진다. 입력 전력과 역률의 관계는 다음과 같다.

> 입력전력＝피상전력×역률
> ＝(입력전압×입력전류)×역률

여기서, 입력전력 : W, 입력전압 : V, 입력전류 : A, 역률 : $\cos\phi$ 이므로

$$W = (V \times A) \times \cos\phi$$

이 된다.

(3) 고조파 대책

콘덴서 입력형 스위칭 전원에서의 입력 전류는 파고치가 높고, 같은 주파수의 사인파에 비해 고주파성분(이것을 고조파라고 부른다)을 많이 포함하고 있다. 입력 전력이 35 W를 넘는 조명 기기에 있어서는 JIS C 61000-3-2 (클래스 C)에 의한 고조파 규제를 만족할 필요가 있다. 최근에는 액티브 평활 필터 등의 고조파 대책용의 회로를 채용한 스위칭 전원도 시판되고 있다.

(4) EMI 대책

스위칭 전원이 내는 노이즈는 EMI(전자기방해)로 규제되어 있으며, 다음과 같은 규격을 충족해야 한다. 스위칭 전원단체(電源單體)에서의 노이즈 규격에는 전기용품 안전법, CISPR 22, VCCI 등이 있으며 LED 조명의 기구와 전원을 포함한 시스템(조명 기기)의 규격에는 전기용품 안전법, CISPR 15 등이 있다. 노이즈의 측정 방법·적용 범위·한도치에 대해서는 각 규격을 참고하기 바란다.

(5) 전원수명

긴수명을 가진 LED의 특성을 살리기 위해서는 전원도 긴수명을 가지지 않으면 안 된다. 일반적으로 스위칭 전원의 수명은 전해 콘덴서나 포토커플러 등 경년 변화에 의해 결정되고, 특히 전해 콘덴서의 수명은 리플 전류에 의한 자기 온도 상승과 주위온도에 크게 영향을 받는다(주위온도가 10 ℃ 내려갈 때마다 수명이 2배가 된다. 자세한 내용은 전해 콘덴서 제조사의 자료를 참조).

따라서 전원의 긴 수명화를 위해서는 전원의 주위온도뿐만 아니라 LED가 발하는 열에 의해 전원의 온도가 올라가지 않도록 기구설계·방열설계에도 주의할 필요가 있다.

신뢰성 설계

LED는 긴 수명이 특징이라고 하지만, 시스템으로서 긴수명을 확보하기 위해서는 고려해야 할 사항이 있다.

LED는 백열전구처럼 필라멘트가 단선하여 수명이 끝나는 일은 없지만, 점등 시간에 따라 사용하고 있는 재료가 열화해서 광속(光束)이 감쇠해 간다. 열화하는 부분은 반도체 칩 자체, 형광체, 봉지수지 등으로 나누어 생각할 수 있고, 일반 수지로 봉지한 LED의 경우 봉지 재료의 투명수지가 빛과 열에 의해 열화하는 것이 광속 감쇠의 주원인이라고 한다. 따라서 설계 수명의 기간에 걸쳐 광속의 감쇠를 일정한 허용치 이내로 유지하기 위해서는 광량과 동작 온도를 재료의 특성에서 허용되는 범위로 제한할 필요가 있다. 필요로 하는 빛의 양이 먼저 정해져 있는 경우가 많으므로 신뢰성 설계의 기본은 LED의 동작 온도를 어떤 값 이하로 하는 방열 설계라고 할 수 있다.

긴 수명을 확보하기 위해서는 상기의 온도제어에 추가해 돌발적인 고장을 방지하는 것도 필요하다. LED 소자는 일반적으로 정전기에 대해서 약하기 때문에 제조 시나 사용 시에 LED 모듈에 가해지는 정전기의 스트레스로부터 소자를 지키는 설계가 필요하다.

이 외에 습도(수분)에 대한 보호나 진동 방지도 신뢰성을 유지하기 위해서 필요한 사항이지만, 기본적인 신뢰성 설계의 개념이나 평가법은 일반 전기전자기기와 공통된다.

3.3.1 방열 설계

(1) 방열 설계의 필요성

백열전구는 대부분이 적외선으로 열은 수십 %인 반면, LED는 소비하는 전력 중 가시광선으로 변환되는 것은 수 %로부터 수십 % 정도이고, 나머지는 가열되어 발산되기 때문에 기존에 조명기구 이상의 기구용적이나 방열구조에 대한 고려가 필수적이다.

또한 LED는 다른 반도체 제품과 마찬가지로 온도 의존성을 가지고 있어, 반도체의 접합부(정크션) 온도는 특성의 변화나 신뢰성에 영향을 준다.

온도 의존성으로 전기 특성이나 발광출력 및 색 차이 등이 있지만, 특히 기대 수명에 따라 LED 동작 온도(정크션 온도)를 어떤 값 이하로 유지하는 것이 중요하다. 이 정크션 온도에 의해 수명을 예측할 수 있다.

조명용 백색 LED 수명의 정의는 전 광속이 초기 전 광속의 70%에 저하할 때까지의 시간으로 하는 경향이 있다[1]. 조명기구는 일반적으로 자연공냉이며 그 환경온도는 35 ℃ 이하가 기준이다. 정크션 온도는 이하의 열저항 등가회로로부터 예측할 수 있다.

(2) 조명기구 구조에서 본 기구 내 온도 및 LED 주위온도와의 관계

조명기구 내의 온도 T_{air}는

$$T_{air} = T_{in} + \Delta T_{air} \tag{1}$$

여기서, T_{in} : 환경온도[℃], ΔT_{air} : 기구 내 온도 상승치[℃]
로 표시된다(「그림 3.3-1」). 등체(燈體)의 용적 등을 고려했을 때 발생 열에 의한 기구 내 온도 상승치 ΔT_{air}는 다음 식과 같다.

$$\Delta T_{air} = \frac{Q}{A \cdot K} \tag{2}$$

여기서, K : 등체의 열관류율[kcal/m·h·℃]

A : 등체의 표면적[m²]　　Q : 내부 발생열[kcal/h]

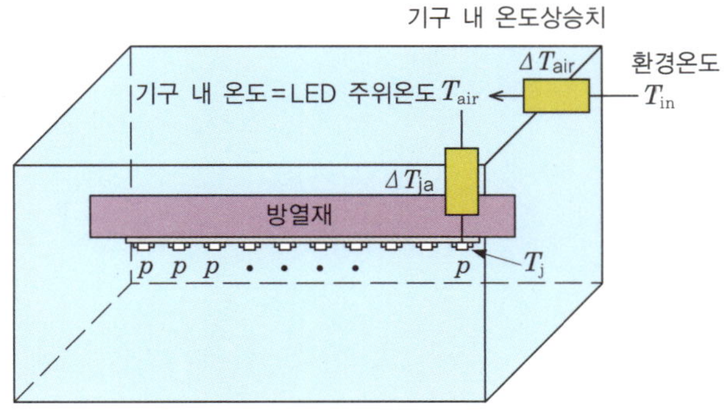

|그림 3.3-1| 조명기구의 열저항 등가회로

내부 발생열량은 1 W당 0.86[kcal/W·h]이므로 다음 식으로 나타낼 수 있다.

$$Q=p[\text{W}]\times n[\text{개}]\times 0.86[\text{kcal/W·h}] \qquad (3)$$

여기서, p : LED 1개의 소비전력[W]

n : 동일한 규격의 LED의 개수

조명기구 외곽재료나 용적 및 구조에 의해 상자 내부에 담기는 열을 효율적으로 외부에 방출함으로써 기구 내 온도, 즉 LED의 주위온도(여기서 말하는 T_{air})를 내릴 수 있다.

(3) LED 등의 발생열량에서 본 기구 내 온도 및 접합(junction) 온도의 관계

접합 온도는 다음 식으로 나타낼 수 있다.

$$T_j=T_{air}+\Delta T_p \qquad (4)$$

여기서, ΔT_p : LED 모듈의 발생열에 의한 기구 내 온도 상승치[deg]

그런데, 방열설계를 할 때의 파라미터로서 각 부품의 온도차를 열저항으로서 이용하면 기구 내 온도 상승치는 열저항과 소비전력의 곱에 의해 구할 수 있다.

$$\Delta T_p=R_{ja}\times P \qquad (5)$$

여기서, P : LED 모듈의 소비전력$(=n\times p)$[W]

R_{ja} : 접합과 기구 내 온도간 열저항[℃/W]

이상과 같이 접합 온도는 LED 모듈의 소비전력과 사용재료의 열저항의 곱에 의해 구하고 다음 식이 성립된다.

$$T_j=T_{air}+\Delta T_{ja}=T_{air}+R_{ja}\times P \qquad (6)$$

(4) 방열수법

여기에서는 지금까지의 LED 모듈이 아닌, LED 1개로 간략히 설명하고자 한다.

LED의 방열재를 선택하는 순서는 목표로 하는 T_j와 기구 내 온도, 즉 LED의 사용온도 상한치 T_{air}가 되도록 다음과 같이 유도한다.

식 (6)을 이용하여 R_{ja}를 다음과 같이 정리할 수 있다.

$$R_{ja} = \frac{(T_j - T_{air})}{P} \tag{7}$$

또, 열저항 R_{ja}를 다시 상세히 분류하면 열저항은 전기회로 옴의 법칙과 마찬가지로 직렬합성저항으로 표시된다(「그림 3.3-2」).

$$R_{ja} = R_{jB} + R_{BA} = \frac{(T_j - T_{air})}{P} \tag{8}$$

여기서, R_{jB} : 접합과 기판간의 열저항[℃/W]

R_{BA} : 기판과 기구 내 온도간의 열저항[℃/W]

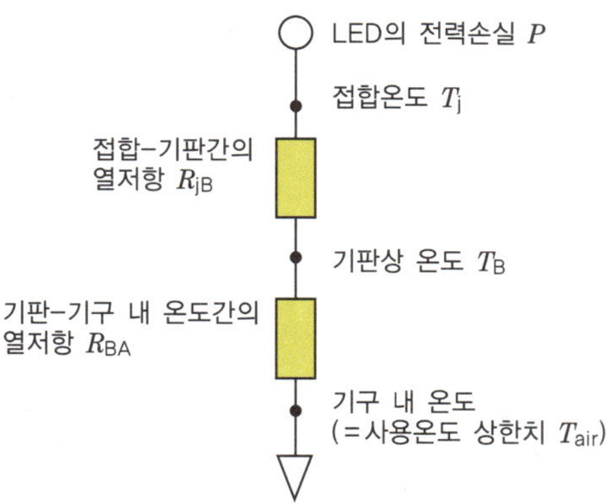

|그림 3.3-2| 열저항 등가회로(직렬측)

R_{jB}를 같은 방식으로 세분화하면 다음 식과 같다

$$R_{jB} = \frac{(T_j - T_B)}{P} \tag{9}$$

여기서, T_B : 기판상의 온도[℃]

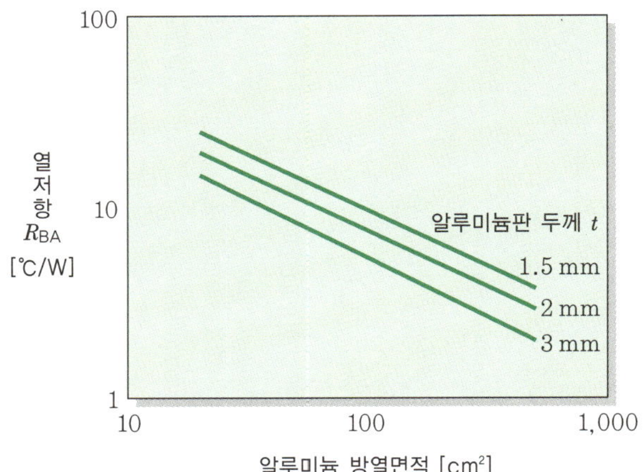

|그림 3.3-3| 알루미늄판 방열면적과 열저항의 관계(참고 예)

LED 데이터 시트에서 주어진 정보를 바탕으로 더욱 자세하게 할 필요도 있다. 위의 식 (8)과 (9)로 R_{BA}의 목표치가 정해진다.

$$R_{BA} = \frac{(T_B - T_{air})}{P} \tag{10}$$

여기서, $P = V_F \times I_F \rightarrow V_F, I_F$: LED 동작전압과 동작전류

경우에 따라서는 LED 구동회로 저항 등의 손실도 고려할 필요가 있다. 이상으로부터 열저항 R_{BA}에 적합한 방열 재료를 선택한다(「그림 3.3-3」).

방열재의 열저항은 재질의 열전도율 λ를 이용해서 산출한다. 열전도율이 높을 수록 열저항이 낮아져 방열성이 좋아진다.

$$R = \frac{L}{\lambda \cdot A} \; [℃/W] \tag{11}$$

여기서, L : 길이[m], A : 단면적[m²],   λ : 열전도율[W/m·℃]

실제로 방열성을 높이는 수단으로서는 기판의 재질·패턴·치수형상, 접착한 그리스나 몰드재, 히트싱크재 등의 방열재의 선정 및 방열경로가 방열설계의 결정적 수단이 된다.

이상과 같이 외부에 열을 효율적으로 전달하도록 구조대책을 행하는 것으로 LED의 신뢰성을 확보할 수 있다.

[참고문헌]

「白色LED照明器具性能要求事項」, (社)日本照明器具工業會規格 技術資料, 134-2005.

3.3.2 정전기 대책

(1) 정전기 대책

반도체는 정전기에 의해 파괴되는데, 반도체의 일종인 LED도 같은 문제를 안고 있다. IC 등 다른 반도체에 있어서는 MOS형 게이트 산화막의 파괴가 가장 문제가 되고 있으나 IC의 고집적화·미세화의 진전에 따라 정전기파괴에 약해지고 있는 것이 특징이다. 이 점에서 LED는 MOS형이 아닌 것과 미세화가 그렇게까지 진행하지 않는 등 약간 다른 상황도 있다. 그러나 넓은 범위에서 동시에 오랜 세월에 걸쳐 반도체 분야에서 축적된 정전기 대책기술은 LED에 대해서도 충분히 유용하다고 생각된다. 반도체 일반의 정전기 파괴에 대해서는 많은 참고 문헌이 있어,[1]~[4] 여기에서는 그 개요를 중심으로 설명하겠다. 상세한 내용은 이들 문헌을 참조하기 바란다.

반도체에 있어서 전기적인 파괴원인으로 정전기 방전(ESD)과 전기적 오버스트레스(EOS)가 있다. 전자의 정전기 방전은 외부에서 발생한 정전기에 의한 것이며, 후자는 전원 혹은 회로적으로 발생한 서지(surge), 단락에 의한 전기적인 부하가 소자의 내성을 넘은 것이다.

후자의 EOS에 대해서는 LED의 내성을 고려하고 특히 전원 on 혹은 off 시의 서지 제어, 그리고 정전류 회로의 경우는 과도적인 과전류 제어를 중심으로, 전원 혹은 회로의 설계가 대책이 된다. 여기에서는 보다 복잡한 전자의 ESD에 대해 설명하겠다.

(2) 정전기의 발생

다른 종류의 고체를 접촉시켰다 떼어 놓았을 경우, 접촉했을 때에 접촉면에서 전자가 이동하고, 떼어 놓았을 때에 전자가 그대로 남아서 대전하는데, 이것을 접촉대전이라고 한다. 대전하는 전하량 혹은 전위는 이 접촉시키는 2개의 고체의 종류에 의존하고 표면형상·상태 등도 영향을 미친다.

또한, 이 접촉대전에는 접촉면에서의 마찰·충돌·박리(剝離)가 가해진 마찰대전·충돌대전·박리대전 등이 있으며, 접촉대전의 대전 경향이 강조되는 동시에 온도나 표면 구조의 파괴 등의 요인에도 영향을 받는다.

일반적으로, 이 정전기가 반도체에 영향을 미치는 경로는 인체 자신이 절연물과의 마찰 등으로 정전기를 발생시키거나 또는 절연물 등으로 발생한 정전기가 인체에 흘러서 결국 인체에 전하가 늘고 그것이 반도체에 흐르는

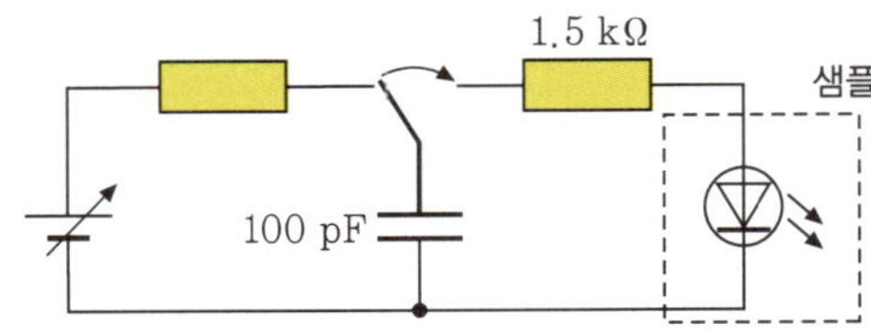

|그림 3.3-4| 인체대전 모델

|표 3.3-1| 작업자에 대한 정전기의 전압측정의 일례

구분	상대습도	
	10~20 %일 때	65~90 %일 때
카페트 위 보행	35.0 kV	1.5 kV
비닐제 마루 보행	12.0 kV	0.25 kV
작업대 근처의 작업자	6.0 kV	0.1 kV

(출처) 二澤正行 :「靜電氣對策매뉴얼」, 옴社.

경우가 많아지고 있어 문제가 되고 있다. 이것은 작업자의 반도체 직접접촉, 또는 도구를 통한 접촉의 가능성이 큰 것에 따른 것이지만 인간은 움직이며 인체는 전도성이 있는 것에 의해 쌓이는 모든 전하가 한꺼번에 방전하는 방전전하량이 크기 때문이기도 하다. 따라서 「그림 3.3-4」에 나타난 인체 대전 모델(HBM : Human Body Model. 인체가 100 pF의 정전용량에서 대전하고 1.5 kΩ의 저항을 통해서 반도체에 접속된다고 하는 표준 모델)을 세우고 정전기의 영향 평가나 대책에 이용하고 있다.

발생하는 정전기의 전압은 「표 3.3-1」의 한 예에서 보듯 습도에 영향을 받는데 이는 수 kV~30 kV 정도에 이른다.

이 인체 대전 모델 외에도 자동화된 조립공정에서의 마찰로부터 패키지의 표면에 전하가 쌓이는 케이스가 있다. 이 경우, 전하는 적지만 고전압으로 폭이 작은 방전이 발생한다. 평탄한 플라스틱 케이스의 MOS형에서 일어나 문제가 되고 있지만 LED에서 해당하는 장해가 일어나고 있는지 여부는 불분명하다.

(3) 정전기에 의한 파괴 메커니즘

반도체에 있어서는 일반적으로 정전기가 통과함에 따라 줄(Joule) 열에 의해 회로 구성 재료가 녹는 것이 기본적인 파괴 기구라고 얘기된다. 특히 순방향으로 전압이 걸리는 경우, 그대로 통상의 도통경로에 전류가 흐르기 때문에 통상과는 다른 전류치와 파형이 되며, 이 때 발열에 견딜 수 없으면 파괴된다.

역전압의 경우, 정전기의 전압이 걸려도 전류가 많이 흐르지 않기 때문에 동일한 정도의 전압이 걸리고, 전압이 인가된 영역 중 가장 약한 부분에서 미소전류가 흐르는 것을 계기로 전자의 눈사태가 일어나며, 혹은 미소영역에 전류가 집중하기 때문에 국소적으로 온도가 상승하여 구성 재료가 녹아 파괴된다. 이 전압은 일반적으로 전류가 흐르지 않는 리드선 사이나 전극 패턴 사이, 소자의 연면(沿面) 등에도 인가되어, 거기에서 절연 파괴되는 가능성도 많다고 생각된다. 결론적으로 순방향의 경우 문제가 커지기 쉽다.

LED의 내전압은 200 V~2,000 V정도이다. GaN계 중, 절연물인 사파이어 기판을 사용한 타입에서는 도전성이 있는 SiC 기판을 사용한 타입과 비교하여 리드선이나 전극 패턴의 거리가 가까이 되기 쉽고 내전압이 낮아지는 경향이 있었다. 그러나 내전압을 올리는 방책과 더불어 최근에는 빛을 꺼내는 효율을 올리기 위해서 다양한 구조를 취하고 있으며, 내전압의 경향도 그에 따라서 변화되고 있으므로 데이터 시트 등에서 확인할 필요가 있다.

어쨌든 MOS게이트의 내전압은 100 V 정도이므로, 그것보다는 높은 레벨이라고 할 수 있지만, 내전압 200 V인 LED의 경우 취급에 각별한 주의가 필요하고, 또한 내전압 2,000 V에서도 정전기가 보통 발생하는 레벨이기 때문에 대책이 필요하다.

(4) LED 조명기구 등의 정전기 대책설계

조명기구로서 일반적으로 사용되는 것을 가정하면 최악의 조건에 대응할 필요가 있고, 간접적으로도 정전기가 LED에 인가되지 않도록 하는 다음과 같은 대책이 필요하다.

① LED에 직접·간접으로 접속될 가능성이 있는 배선이나 도체 또는 LED는 정전기를 차단할 수 있는 부품으로 완전히 덮는다.

② 조명기구의 입력단자 측에서의 정전기는 LED와의 사이에 들어가는 구동회로 등으로 차단한다.

LED의 패키지나 모듈에 보호회로를 마련해 두는 것이, 이 조명기구의 정전기 대책이며 이는 다음에 설명할 LED 조명기구의 제조공정에서의 정전기 대책에도 유효하다. 가장 간단한 보호회로의 한 예는 「그림 3.3-5」에 나타난 역내압 전압 V_{bd}를 갖는 보호 다이오드를 LED 소자와 병렬로, 방향을 반대로 해서 넣는 것이다. 이 역내압 전압 V_{bd}는 LED 소자의 동작 전압 이상, 파괴 전압 이하로 선택할 필요가 있다. 회로구성이나 사용하는 소자 외에 가능한 한 LED에 가까이 배치하는 등의 조건도 있으며, 자세한 내용은 참고문헌 (2)의 12장 등을 참고하면 된다.

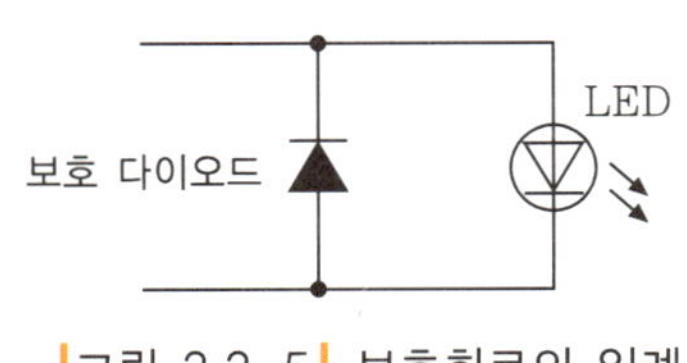

|그림 3.3-5| 보호회로의 일례

(5) LED 조명기구 제조공정에서의 정전기 대책

실용상에서는 정전기 대책이 어디까지 필요한가 하는 것이 매우 중요하다. 소자의 내전압을 조사하고 취급하는 관리 영역을 설정하고, 그 범위 내에서 정전기를 소자의 내전압 이하로 억제한다는 것이 기본적인 사고방식이 된다.

취급하는 반도체의 내전압 등에서 공장의 각 장소를 분류하고, 필요한 정전기대책을 명확하게 하려는 시도가 이루어지고 있지만, 대책 비용과 정전기에 의한 불량대응 비용과의 균형도 있어, 반드시 어떤 경우에도 적용할 수 있는 간단한 순서가 확립되어 있다는 것은 아니다.

상세한 것은, 예를 들면 참고문헌 (2)의 14장, 참고문헌 (3)의 2장과 8장, 참고문헌 (4)의 p.64~66과 4~5장, 또는 LED 공급처의 데이터 시트 등이 참고가 된다.

주요 개별 대책으로서는 다음과 같은 것이 있다(설명 저항값의 범위는 참고치이며 문헌 등에서 확인하기 바란다. 또한 이하에 등장하는 $\Omega/\square$은 표면 저항률의 단위이며, 디멘션은 Ω이다).

① **납땜인두** : 인두 끝을 접지하고 저전압용을 사용한다.

② **공구(핀셋 등)·용기·포재(包材)** : 정전기 방지용 물건을 사용하고 금속과 절연물을 가능한 한 피한다.

③ **리스트 스트랩의 사용** : $10^6\,\Omega$ 정도의 저항을 통해 접지한다. 또한

$10^5 \sim 10^8$ Ω/□ 정도의 표면저항률을 가지는 손가락 고무 또는 장갑을 착용하는 것이 바람직하다.

④ **작업복·신발** : 모두 $10^5 \sim 10^{10}$ Ω/□ 정도의 표면저항률을 가지는 정전기 방지용을 사용한다.

⑤ **작업대 표면** : 금속을 피하고 도전성의 매트를 이용하여 접지를 한다. 표면저항률 $10^5 \sim 10^8$ Ω/□ 정도, 접지간 저항 $10^6 \sim 10^8$ Ω 정도이며, 보관용 선반의 표면 등도 같은 조건이 필요하다.

⑥ **작업 의자** : 대전 방지용 커버를 하고 $10^6 \sim 10^{12}$ Ω 정도의 저항을 통해서 바닥에 접지를 한다.

⑦ **마루** : 표면저항률 $10^5 \sim 10^8$ Ω/□ 정도, 접지간 저항 $10^6 \sim 10^8$ Ω 정도가 되도록 도전성 매트 등을 사용한다.

⑧ **장치 등** : 접지를 한다.

정전기 대책에서는 통상의 접지와는 달리, 표면저항률이 1 MΩ/□ 정도의 것을 사용하고, 1 MΩ 정도의 저항을 통해서 접지하는 것이 기본이다. 그 이유는 금속에서는 급격한 전하 이동의 가능성이 있고, 그것에 의한 전하유입이나 유기 등이 있을 수 있으므로, 감전 사고의 가능성을 줄이기 위해서이다.

습도에 대해서는 「표 3.3-1」에 나타낸 것처럼 습도가 높을수록 정전기가 발생하기 어려워진다. 부식 등과의 중첩이 있지만 50% 정도 이상의 습도가 권장된다. 또한 이와 같은 대책을 세우지 못하는 경우 등에 대전한 전하를 중화하기 위해서는 정부(正負)의 이온을 발생하는 이오나이저(ionizer : 이온화장치)의 사용이 권장된다.

[참고문헌]

(1) 靜電氣學會編 :「靜電氣핸드북」, 옴社. 특히 5章, 8章, 9章, 11章.
(2) O. J. McAteer 著, 村崎 外 譯 :「일렉트로닉스의 靜電氣對策」, 매그로힐 出版, 1992.
(3) 二澤 :「靜電氣對策매뉴얼」, 옴社, 1989.
(4) 二澤 外 :「圖解靜電氣管理入門」, 工業調査會, 2004.

3.4 안전성 설계

백색 LED의 발광 효율의 향상, 색상이 얼룩짐의 개선, 연색성의 향상 등에 의해 21세기에 들어서 백색 LED를 광원으로 한 다양한 조명기구가 증가하고 있다.

한편, LED 광원은 반도체인 발광 다이오드로부터의 연장선이기 때문에 종래 조명기구에 사용하고 있었던 백열전구, 형광 램프 등의 광원과는 다른 특성을 가지고 있어서 환경부하에 영향을 주지 않는 것을 포함, 사용자의 생명·신체나 재산에 대해 손상을 주지 않도록 고려해야 할 필요가 있다.

여기에서는 백색 LED 광원을 사용한 조명기구에 관한 안전성 설계에 대해서 설명하겠다. 또, LED를 사용한 응용 제품은 많이 있지만, 앞으로 크게 변하는 것이 예상되는 조명기구에 초점을 맞추어 기술한다.

3.4.1 안전성 설계와 법규

각종 조명기구를 설계하는 데 있어서 아래에 자세히 기재된 경제산업성 주관의 「전기용품안전법」, 「전기설비기술기준」, 총무성 주관의 「전기통신사업법」이나 (사)일본전기협회 주관의 「내선규정」 및 (재)일본규격협회 발행의 「JIS C 8105-1 조명기구 제1부 : 안전성 요구통칙」, 「JIS C 8105-2-XX 조명기구 제2부 : 안전성 요구사항」이나 「JIS C 8105-3 조명기구 제3부 : 성능 요구사항통칙」 및 (사)일본전구공업회 발행의 「JEL 811 : 2005 조명용 백색 LED 모듈 안전성 요구사항」 등의 법규·규격 및 기준을 준수하는 것은 LED 광원을 사용한 조명기구의 최저한의 설계 요구사항임과 동시에, 아래에 기재되어 있는 환경에 대한 배려나 안전성 확보에 관한 내용도 포함시켜서 만족하는 것이 바람직하다.

3.4.2 구체적인 안전성 설계

백색 LED 광원을 사용한 조명기구에 관한 「법규, 규격 및 기준」 및 「LED 광원의 인체에 대한 영향」에 대한 부분은 LED 조명기구를 설계하는 데 매우 중요한 요인이므로 다음 항 이후, 탐구 내용으로 설명하겠다.

여기에서는 설계자가 제품설계 시 의도한 사용상황뿐만 아니라 의도하지 않았더라도 보통 합리적으로 예견할 수 있는 사용 상황에 대해서도 안전성을 고려할 필요성, 그리고 그 외 대응하지 않은 사항에 관한 주의·경고 등의 표시 스티커·취급 설명서, 정상사용, 오사용 등의 상황에서 발생할 '안전하지 않은 현상'을 추출하고, 그 내용을 어떻게 대처할 것인가를 안전설계의 지침으로 한다.

또한, 개별 상품의 기준치에 대해서는 상품의 구성·사용 방법, 예상 피해, 기업의 사고방식 등에 따라 다르기 때문에, 아래에서는 구체적인 수치에 대해서는 설정하지 않겠다.

(1) '안전하지 않은 현상'의 추출

① '발화·발연·외곽과열'에 관해서는, 조명기구의 외곽으로부터의 연소, 외곽에서의 지속적인 연기 발생, 이상 과열에 의한 외곽부품의 변색·변형, 또는 외곽의 가연물의 발화점이나 주변에 의한 가연물에의 저온착화 등을 '안전하지 않은 현상'이라고 한다.

② '낙하·비산'에 관해서는, 예리한 물체나 상해를 일으킬 수 있는 무거운 물체의 낙하·비산, 이러한 상품의 보유나 운반 중 낙하, 또는 전도 및 도괴 등을 '안전하지 않은 현상'이라고 한다.

③ '누전·충전부의 노출'에 관해서는 AC 30 V, DC 45 V를 넘는 충전부 노출이나 사람이 만질 우려가 있는 비금속부 및 접지할 우려가 있는 비충전 금속부와 충전부 사이의 절연저항의 저하 등을 '안전하지 않은 현상'이라고 한다.

④ '고열부의 노출'에 관해서는 사람이 쉽게 만질 우려가 있는 외곽에서의 고온, 장시간 접촉하는 외곽에서의 저온 화상과, 화상을 입는 스파크 발생의 비산 등을 '안전하지 않은 현상'이라고 한다.

⑤ '상해 위험부의 노출'에 관해서는 사람이 쉽게 만질 우려가 있는 외곽의 날카로운 마무리나 혹은 끼우는 부분 구동부의 노출, 그리고 손가

락이 끼거나 하는 등의 인체에 위험을 줄 수 있는 부위의 노출 등을 '안전하지 않은 현상'이라고 한다.

(2) 여러 가지 '안전하지 않은 현상'에 대한 안전설계 지침

① '발화·발연·외곽과열'에 관해서는 아래의 내용을 고려해야 한다.

   ㉠ 수명 말기, 과부하 및 과전압을 배려한 전기부품을 사용한다.

   ㉡ 발열, 스파크 발생 및 서지 전압을 배려한 프린트 실장회로(보호 회로를 포함)를 사용한다.

   ㉢ 단선 시의 스파크에 의한 착화 및 단축 시의 발화·발연이 일어나지 않는 전선을 사용한다.

   ㉣ 전기 접속부는 느슨함이 생기지 않는 동시에 녹 등이 생기지 않는 재료를 사용한다.

   ㉤ 프린트 실상회로는 이상발열·발화 시에도 퍼지지 않는 재료와 구조로 한다.

   ㉥ 공급 전원의 오사용을 막는 구조로 한다.

② '낙하·비산'에 관해서는 아래의 내용을 고려해야 한다.

   ㉠ 사용자가 설치하는 상품의 경우 잘못 설치되지 않도록 하거나 쉽게 알아볼 수 있는 구조로 한다. 또한 심각한 위험의 우려가 있는 경우에는 이중의 낙하 방지 장치를 설치한다.

   ㉡ 어린이가 매달릴 우려가 있는 상품은 매달린 부위로부터 부서지는 구조로 한다.

   ㉢ 유리 부품의 경우 유리가 파손되지 않는 고정 구조로 한다.

   ㉣ 욕실용 상품은 깨져도 유리가 흩어지지 않는 구조나 재료로 한다.

③ '누전·충전부의 노출'에 관해서는 아래의 내용을 고려해야 한다.

   ㉠ 공구 등을 이용하지 않고 떼어낼 수 있는 외곽 부분은 분리 후에 충전부가 노출되지 않도록 한다.

   ㉡ 손가락·핀 등이 들어갈 수 있는 개구부가 있는 경우, 충전부에 접촉할 수 없는 구조로 한다.

   ㉢ 파손·변형의 우려가 있는 외곽 부분은 충전부와 접촉되지 않는 구조로 한다.

ㄹ 콘센트가 있는 경우, 적용 플러그를 어떤 형태로 꽂아도 충전부에 단락이 생기지 않도록 한다.

ㅁ 내부배선은 가동부·고온부·절단부 등과의 근접·접촉에 의해 손상되지 않도록 한다.

ㅂ 물 주변에 설치하는 상품은 습기나 물방울에 의해 절연저항이 저하해도 인체에 감전 등의 영향이 없도록 한다.

④ '고열부의 노출'에 관해서는 아래의 내용을 고려해야 한다.

ㄱ 화상을 입을 우려가 있는 발열부는 적당한 보호를 한다.

ㄴ 화상을 입을 우려가 있는 발열부와 위험성이 있는 고온부는 주의·경고를 한다.

ㄷ 전원차단 후 즉시 온도 저하가 되지 않는 부위에 대해서도 주의·경고를 한다.

⑤ '상해 위험부의 노출'에 관해서는 아래의 내용을 고려해야 한다.

ㄱ 사용·시공 시에 사람이 만질 우려가 있는 부위에 대해서는 바리게이트나 돌기·예리한 부분이 없도록 한다.

ㄴ 바닥이나 천장 등의 설치 면에 상처를 내는 바리게이트나 돌기·예리한 부분이 없도록 한다.

ㄷ 사람이 부딪칠 우려가 있는 부위는 부상당하지 않도록 대처한다.

3.4.3 일본의 법령

백색 LED는 저전압의 직류전원으로 동작하는 새로운 발광 소자이다. 소자 자체의 감전·화재·인체에 미치는 영향 등 안전에 관계되는 직접적인 법령상의 규제는 눈에 띄지 않는다. 소자를 여러 개 합친 '조명 빛', '광고 빛'으로서의 조명용 모듈, 조명기구나 내부부품으로서의 내장형 기계기구는 법령상의 규칙을 받는다. 다음은 조명에 관련되는 법령을 중심으로 설명하겠다.

(1) 전기용품안전법

전기사업법은 경제산업성이 관할하고 있다. 이 법률은 전기용품으로서 일반용 전기공작물의 부분이거나 전기공작물에 접속하여 사용되는 기계, 기구에 대해 전기용품안전법 시행규칙의 '전기용품의 구분'에서 정한 규정을 적용하는 법률이다.

대표적인 기구로서,

- 광원 및 광원응용 기계기구
- 배선기구
- 교류용 전기기계기구 : 직류전원 장치, 전등(電燈) 가구, 조광기(調光器), 전기 펜슬 등
- 교류용 전기기계기구 : 직류전원 장치 등
- 소형단상 변압기류 : 전압조정기, 방전 등 안정기

등이 있다.

LED에 관해서는 광원 및 광원응용 기계기구 이외에 사인, 디스플레이 등의 표시용 기기로서도 사용되고 있다.

이 중 제10조 '표시의 의무', 제12조 '표시의 금지'는 전기용품안전법에 적합함을 나타내기 위한 표시에 관한 규칙이다.

① 전기용품안전법 시행령

전기용품의 구분과 그 유효기간을 정하고 있다.

- ㉠ 제1조에서는 특정 전기용품의 적용범위를 정하고 있다.
- ㉡ 제2조에서는 특정 전기용품 이외의 전기용품을 정하고 있다.
  적용범위의 '전원의 주파수', '정격전압의 범위'를 지정하고 있다.
  전원전압은 50 Hz 또는 60 Hz이고 정격전압이 30 V 이상 300 V 이하의 것을 규제의 대상으로 하고 있다.

② 전기용품안전법 시행규칙

'전기용품의 구분'에서 정하는 물품은 전기용품안전법에 따라 전기용품의 제조, 수입을 해야 한다. 그것을 위한 규칙을 정하고 있다.

- ㉠ 사업신고를 위한 전기용품의 구분 (제2조) : 별표 1에서 규정하고 있다.
- ㉡ 형식의 구분 (제4조) : 별표 2에서 규정하고 있다.
- ㉢ 표시의 방식 (제17조)
  - 별표 5 : 전기용품의 표시방법을 규정

• 별표 6 : 특정 전기용품에 표시하는 기호

• 별표 7 : 특정 전기용품 이외의 전기용품에 표시하는 기호

(2) 전기사업법

전기사업의 기본법으로서 경제산업성이 관할하고 있다. 전기 사용자의 이익을 보호하고, 전기사업의 건전한 발전을 도모하며, 전기공작물의 공사, 유지 및 운영을 규제함으로써 공공 안전의 확보 및 환경의 보전을 도모하는 것을 목적으로 한 법률이다.

(3) 전기설비기술기준

전기사업법에 근거하여 경제산업성이 관할하는 법령이다. 전기공작물의 설계, 공사 및 유지에 관해 지켜야 할 성능기준을 규정하고 있다. 구체적인 기술적 내용의 [예]를 들은 '기술기준의 해석'의 기재가 있다.

(4) 전기공사사법

경제산업성이 관할하고 있다. 전기공사 작업에 종사하는 자의 자격 및 의무를 정해, 전기공사에 의한 재해의 발생 방지에 기여하기 위한 법률이다.

(5) 내선규정

(사)일본전기협회가 관할하고 있다. 전기설비의 보안을 확보하고 안전하게 전기를 사용할 수 있도록 시행상 지켜야 할 기술적 사항을 구체적으로 나타내고 있는 민간의 규정이다((사)일본전기협회 JEAC 8001-2005).

(6) 일본공업규격(JIS)

광공업품에 관한 국가규격으로 관련 주무장관이 제정한다.

색에 관한 규격, 전구·방전관·재료에 관한 규격, 조명기구에 관한 규격, 배선 재료에 관한 규격 등 조명에 관련된 규격이나 전자기기·전기기계에 관한 규격이 많이 정해져 있다. 한편, 개정된 신JIS는 2005년 10월 1일부터 시행되어 주무장관에 의한 인정제도로부터 ISO/IEC 가이드에 근거한 인증을 받은 민간의 등록인증기관(제3자 기관)에 의한 인증이 개정되었다. 지정 상품제도가 폐지되어 JIS마크 표시 대상 외였던 제품에 대해서도 신JIS 마크의 표시가 가능하게 되었다. 다음은 대표적인 규격이다. 성질구분으로서는 ① 제품규격, ② 방법규격, ③ 기본규격(용어·기호·단위 등)이 있다.

분류는 ① A 토목 및 건축, ② C 전자기기 및 전기기계, ③ D 자동차 : 자동차용 램프류, 경고등 등, ④ E 철도 : 철도표시등 등, ⑤ H 비철금속, ⑥ K 화학, ⑦ T 의료안전용구, ⑧ W 항공, ⑨ Z 기타 : 색 용어·조명 용어·색의 표시방법·색의 측정방법·조도기준 등의 부문으로 분류되고 있다.

C부문의 전자기기 및 전기기계에는

① 일반 : 환경시험방법, 전기용도기호 등

② 측정·측정용 기계기구 : 절연저항계·조도계·온도계 등

③ 재료 : 필름·테이프 등

④ 전선·케이블·전로용품

⑤ 전기기계기구

⑥ 통신기기·전자기기 부품 1 : 프린트 기판, 플렉시블 프린트 기판, 콘덴서, 저항기 등

⑦ 통신기기·전자기기 부품 2 : 프린트 기판, 저항기 등

⑧ 진공관·전구 : 발광 다이오드(표시용), 발광 다이오드 측정방법(표시용), 형광 램프 등

⑨ 조명기구·배선기구·전지 : 조명기구, 태양전지 등

⑩ 전기응용 기계기구 : 가정용 및 이와 유사한 전기기기 등

이 포함된다.

(7) 건축기준법

국토교통성이 관할하고 있다. 건축물의 부지·구조·설비 및 용도에 관한 최저 기준을 규정하고 있다.

건축 설비에 관한 기준도 정하고 있어 비상용 조명 장치의 설치 기준이나 비상시의 밝기 등을 규정하고 있다. (참조 : JIL 5001 「비상용조명기구기술기준」)

(8) 소방법

시행령·시행규칙 등에 관한 정령·규칙. 지방자치체에 의해 내용이 다른 경우가 있다. 관계되는 규격으로서 유도등 및 유도표식의 기준이 정해져 있다. (참조 : JIL 5002 「유도등 기구 및 피난유도 시스템용 장치기술기준」)

(9) 단체규격

① 일본전구공업회규격(JEL)

　　[JEL 311 조명용 백색 LED 측광방법통칙]

　　[JEL 811 조명용 백색 LED 모듈 안전성 요구사항]

② 일본조명기구공업회규격(JIL)

　　[JIL기술자료 백색 LED 조명기구 성능 요구사항 가이드]

(10) 도로교통법

국토교통성이 정하고 있는 법령이다. 차량의 전조등·미등·실내등·하이마운트 스톱 램프 등, 그리고 교통 신호기에 대해서도 규정하고 있다.

(11) 항공법

항공 등대, 비행장 등화, 항공 장해등(障害燈) 등을 규정하고 있다.

(12) 계량법

경제산업성이 정하고 있다. 조도계·온도계 등의 검정사항을 규정하고 있다.

(13) 에너지 절약법

LED는 이 규정에 맞는 광원이라고 할 수 있다. 연료자원의 유효한 이용의 확보를 위해 에너지 사용의 합리화를 종합적으로 진척시키기 위해서 에너지의 효율적 이용을 위한 조치를 규정한 법률이다.

(14) 제조물책임법(PL법)

제조물의 결함에 의해 사람의 생명, 신체 또는 재산에 영향을 미치는 피해가 생겼을 경우에 대해 제조업자 등의 손해배상책임을 규정함으로써 피해자 보호를 도모하는 것을 목적으로 제정된 법령이다.

(15) 공해방지관계규격

경제산업성이 정하고 있다. 다이옥신 폐지, 수질오탁방지, PCB 폐지, Ni-Cd전지의 회수 등

※EU역내는 전기·전자부품에 포함하고 있는 특정유해물질의 사용이 RoHS 지령(Restriction of the use of certain Hazardous Substances in electrical and electronic equipment 지령)으로 제한된다.

(16) 국제규격

① 국제전기표준회의규격(IEC규격)

IEC 60364(건축전기설비), IEC 60065(가정용 전자기기의 안전성), IEC 60598(조명기구) 등 대부분은 JIS와의 정합화가 도모되고 있다.

② 국제조명위원회 추장(CIE추장)은 보이는 방식 등을 규정한다.

(17) 외국규격

ANSI, DIN, BS, NF, UNI, GOST R, 중국, 한국, 대만, 싱가포르, IEEE, NEMA, UL 등 각 나라에서 정해진 규격이 있다.

(18) 기타

인체에 미치는 영향에 대해서는 다음 항의 내용을 참고하기 바란다. 국제규격화(IEC-CIE 규격화)의 작업 등의 기재가 있다.

【법령의 종류】

- 법률 : 국회에서 제정된 것. 전기사업법, 전기공사사법 등
- 명령 : 법령 중 나라, 지방공공단체(도도부현(都道府縣), 시읍면(市町村))의 행정기관에 의해 제정된 것
- 정령 : 내각이 제정한 것

- 성령 : 각 장관이 제정한 것. 내각부령을 포함
- 고시 : 공공의 기관이 결정 사항을 일반인에게 알리는 것
- 통달 : 행정관청이 소관의 각 기관, 지방공공단체에 대하여 어떤 사항을 통지한 것
- 조례 : 지방공공단체의 의회의 결의를 거쳐서 제정한 것
- 규칙 : 지방공공단체의 장이 발하는 명령

3.4.4 인체에 미치는 영향

(1) 빛의 환경 및 빛의 안전성에 관한 사고방식

빛은 인간의 생활과 밀접한 관련이 있으며 우리 주위에서는 태양을 비롯한 자연광원이나 여러 가지 종류의 인공광원이 활용되고 있다. 특히, 그 광원 중에서 조명용 광원은 시각이나 시(視)작업지원이라는 지극히 중요한 역할을 하고 있다.

이러한 조명용 광원은 원래 인간의 시각이나 시(視)작업을 지원하는 것을 제1의 목적으로서 개발·제작된 것이며, 광원으로부터 방사되는 빛은 가시방사로 구성되도록 설계되고 있지만 실제적으로는 가시방사뿐만 아니라 시각 지원에는 전혀 기여하지 않는 자외방사나 적외방사도 불가분적인 구성 요소의 일부가 되고 있다. 이것은 자연의 빛 환경의 광원인 태양광에 대해서도 같다.

그런데 잘 알려진 바와 같이 빛의 본질(실체)은 에너지의 한 모습이다. 인체가 빛 에너지의 조사를 받고 빛을 흡수하면 그 에너지에 의해 다양한 작용을 일으킨다. 그 중에서도 파장이 짧은 자외방사는 광자(光子 : photon)의 에너지가 크고, 인체에 흡수되면 광생물적 작용 효과, 때로는 광생물적 상해를 일으킬 가능성이 있다.

따라서 빛의 환경에서 생활하거나 빛 에너지를 이용하는 경우에는 이러한 빛 에너지의 여러 작용에 대해서도 주의하고, 필요하면 적절한 대응 조치, 특히 안전 확보를 위한 관리를 하는 것이 중요하다.

즉, 빛의 환경을 설계할 경우에 빛 에너지의(시각 이외의) 작용이나 효과에 대해서도 정확한 지식을 가지고 여러 가지의 영향, 특히 상해가 발생할 가능성에 대해서 정확하게 검토한 뒤에 그것을 고려한 시환경 설계를 행하고 상

|표 3.4-1| 빛 에너지의 작용

파장	구분	작용 효과	관련된 인공광원
1 nm	X선		
	UV-C	오존 생성, 살균 작용 자외성 안염(각막염·결막염)	살균 램프, 저압 수은 램프, 용접 아크
280 nm			
	UV-B	음이온 생성 홍반작용 일광피부염(햇볕에 탐) 비타민 D 생성	의료용 UV-B 형광 램프 건강선용 형광 램프 중압 수은 램프
315 nm	자외방사		
	UV-A	색소침착 작용 일광색소 증강(햇볕에 탐) PUVA(솔라렌 광치료) 빛 과민증, UV-A 백내장 무수정체 안망닥 상해 퇴색 촉진 광화학 광가교(광경화성 수지)	블랙 라이트 형광 램프 블랙 라이트 수은 램프 인공 햇볕 살롱용 램프 의료용 UV-A 형광 램프 광화학용 수은 램프 LED
400 nm			
	가시방사	광복사 카프로락탐의 광합성 청색광 망막상해 빌리루빈의 광분해 식물의 광합성 곤충·어류의 주광성 곤충의 복안의 명순응 광 정보처리(광디스크) 광사인, 광통신, 방범 광신호, 광아트	할로겐 램프 백색형광 램프 메탈 할라이드 램프 고압 나트륨 램프 특수(청색, 황색) 형광 램프 LED 레이저
780 nm			
	적외방사	가열, 난방, 보온 가공, 조리 건조 의료 리모트 센싱(원격탐사) 광탐사	적외전구 니크롬·히터 원적외 히터 CO_2 레이저 LED
1 mm			
	마이크로파		

해 발생을 방지하는 조치를 취하는 것이 필요하다. 시환경의 설계이기 때문에 시각 이외의 작용이나 효과에 대해서는 전혀 고려하지 않겠다는 태도로는 좋은 시환경 설계를 할 수 없다고 해도 과언이 아니다.

(2) 빛 에너지의 인체에 대한 작용

앞에서 언급했듯이 빛의 방사(자외방사·가시방사·적외방사의 총칭)는 통상의 빛 환경에 중요한 환경요소로서 존재하며 다양한 작용을 하고 있다. 특히 지구상에 있어서 최대의 빛 환경요소인 태양방사의 작용에 대해서는 일상적으로 체험할 기회가 많다.

「표 3.4-1」에 현재까지 밝혀지고 있는 빛 에너지의 작용의 개요에 대해 정리했다.

(3) 광원에서의 빛의 안전성 평가를 위한 국제규격 제정의 경과

이러한 상황에 대응하기 위해 IEC(국제전기표준회의) TC34 전문위원회(전문위원회명 : 광원의 종류 및 관련기기)에서 광원의 광생물적 리스크를 정량평가하기 위한 방법 및 그 결과를 광환경 설계에 적용하기 위한 순서를 국제규격화(IEC-CIE규격화) 하는 작업이 1997년부터 시작되었다.

이는 IEC 가맹국인 미국에서 IEC에 제안, 각 국의 찬성을 얻어 IEC TC34에서 관련 토의가 개시된 것이다.

내용적으로는 광원으로부터의 빛의 특성과 광생물적 안전성이 문제가 되기 때문에 IEC TC34/SC34A와 CIE(국제조명위원회)가 연계해 IEC TC34-CIE의 합동 패널 회의가 조직되어 총 4회의 회합을 통해 검토가 추진되었다.

미국에서는 1997년 조명용 광원의 안전기준이 국가규격(ANSI)으로 이미 제정·교부되었다. 따라서 IEC에 대한 미국의 제안도, 이 ANSI 규격이 골자를 이루고 있다.

이 합동 패널 회의에서 심의하여 2001년에 총칙 부분의 초안 작성을 완료하고 우선 CIE 가맹 각 국의 국내 위원회 투표에 부쳐서 CIE규격 : CIE S 009/E가 2002년에 제정·공포되었다. 이어 IEC TC34에 회부되었지만 IEC 내의 토의에서 몇 가지 검토를 요하는 사항이 지적되어 CIE에 재검토를 부탁하는 방향으로 조정이 이루어지고 있다.

'광원에서 빛의 안전성 평가를 위한 국제규격(IEC-CIE규격)' ('광원 빛의 안전성 국제규격')의 개요는 다음과 같다.

(4) 광원 빛의 안전성 국제규격의 내용

① 대상으로 하는 광 방사의 인체에 대한 상해의 종류

CIE S 009/E에서는 광방사가 인체에 끼치는 생체적 상해 중에서 현재까지 생태적·병리적으로 연구가 앞서 있는 10종류의 상해를 대상으로 삼는다. 「표 3.4-2」에 이 10종류의 상해에 관한 개요를 정리했다.

또, 이러한 각종 상해의 작용 스펙트럼(spectrum), 상해의 역치(閾値), 역치를 결정하기 위해 기준으로 하는 물리량 및 그 단위 등의 상세한 내용은 앞에서 밝힌 CIE규격을 참고하기 바란다.

그러나, 광원의 안전기준의 리스크 평가의 대상으로 합동 패널 회의에서는 수정체 적출 수술을 한 사람의 눈(이른바 무수정체의 눈)의 망막에 대한 상해는 대상 외로 하고, 일반적인 조건하에서 발생 가능성이 있는 나머지 8종류로 한정 했다.

|표 3.4-2| 광원에서 빛의 안전성 평가의 대상이 된 광방사의 인체에 대한 상해의 내용

대상이 된 상해의 종류	내용	대상 파장범위[nm]	기준 물리량
1. Actinic UV, skin & eye	피부와 눈의 각막·결막에 대한 급성 상해[홍반, 자외성 안염]	200~400	유효방사조도
2. Near UV, eye	근 자외방사에 의한 수정체 상해[UV-A 백내장]	315~400	방사조도
3. Retinal blue light hazard	청색광 망막 상해	300~700	유효방사휘도
4. Retinal blue light hazard, -small source($\alpha \leqq 0.011$)	청색광 망막 상해(발광부가 작은 광원)	300~700	유효방사조도
(Retinal blue light hazard, -aphakic eye)	청색광 망막 상해(무수정체 눈의 경우)	300~700	유효방사휘도
(Retinal blue light hazard, -small source, aphakic)	청색광 망막 상해(무수정체 눈의 경우, 발광부가 작은 광원)	300~700	유효방사조도
5. Retinal thermal hazard	망막에 대한 열적 상해	380~1,400	유효방사휘도
6. Retinal thermal hazard, -weak visual stimulus	망막에 대한 열적 상해(가시방사의 대부분 없는 경우)	780~1,400	유효방사휘도
7. Infrared radiation hazard, eye	적외방사에 의한 각막 및 수정체 장애	780~3,000	방사조도
8. Thermal hazard, skin	피부의 열적 상해	380~3,000	방사조도

② 허용노광량

전 항의 각 상해에 대한 허용노광량은 상해의 종류에 따라 방사조도 또는 방사휘도로 평가할 필요가 있다. 광방사의 인체에 대한 상해의 허용노광량(exposure limit)에 대해서는 과거에 제정된 국가규격 및 그것에 준하는 규격을 조사하면 다음 3가지가 있다.

    ㉠ ICNIRP(International Commission on Non-ionizing Radiation Protection) '97의 가이드 라인
    ㉡ ACGIH의 TLV
    ㉢ ANSI/IESNA(RP-27 시리즈)

IEC-CIE 합동 패널 회의에서는 이들 3규격을 참고하여 허용노광량의 기준치를 정했다.

③ 광원의 광생물적 상해도를 기준으로 한 리스크 그룹 분류

ANSI/IESNA 규격에서는 조명용 광원을 광생물적 상해도에 따라 4 그룹으로 구분하는 것으로 정하고 있다. 구분은 어디까지나 "상해가 생길 가능성이 있다(potential hazard)"라는 사고방식으로 구분한다. "반드시 이 상해가 생긴다"라는 것은 아니라고 보고 있다.

합동 패널 회의에서도 이 ANSI/IESNA 규격의 생각을 답습하고 광생물적 상해의 종류에 따라 리스크·그룹 구분을 실시했다. 그러나, 구분하는 척도의 수치는 물론 중요하지만 수치보다도 구분하는 개념이 보다 중요하다. 앞으로 적용해 가는 단계에서 구분하는 수치는 다시 검토될 가능성이 있지만, 개념은 어디까지나 우선적 기준이기 때문에 쉽게 바뀌지 않도록 정하고 있다. 「표 3.4-3」에 IEC-CIE 합동 패널 회의가 제정한 리스크 그룹 구분과 구분의 개념을 정리했다.

(5) LED 광원에서 빛의 안전성 평가

① 광원광의 안전성 국제규격과 LED 광원

이상에서 설명했던 '광원광의 안전성 국제규격'은 그 제정의 취지로부터 일반 조명용 광원을 대상으로 하지만, 21세기의 광원으로서 주목받고 있는 고체소자 광원인 LED가 일반 조명용에도 이용될 것이므로 광원광의 안전성 국제규격의 적용 범위에 LED 광원도 포함되었다.

| 표 3.4-3 | 광원 안전기준의 리스크 그룹 구분과 구분의 개념

그룹 구분	구분의 개념
리스크 면제 (Exempt Group)	원칙적인 개념은 결과적으로 어떤 광생물적 상해도 일으킬 가능성이 없는 광원. 구체적 기준으로서는 예를 들면 8시간 동안 쪼여도 눈이나 피부에 급성 상해를 줄 일이 없고 10,000초(2.8시간)간 응시해도 청색광 망막상해가 생기지 않는 광원은 이 그룹으로 구분된다.
리스크 그룹 1 [저 리스크] (RG-1)	원칙적인 개념은 통상의 일반적 행동조건에서의 조사범위 내에서는 광생물적 상해가 생길 가능성이 없는 광원. 구체적 기준으로는 리스크 면제 그룹의 레벨은 넘지만, 예를 들면 10,000초(2.8시간)간 쪼여도 눈과 피부에 급성 상해를 줄 일이 없고 100 초간 응시해도 청색광 망막상해가 생기지 않는 광원은 이 그룹으로 구분된다.
리스크 그룹 2 [중 리스크] (RG-2)	원칙적인 개념은 고휘도에 기인하는 혐오감이나 열적 불쾌감이 없을 경우라도 상해를 줄 가능성이 있는 광원. 구체적 기준으로서는 RG-1의 레벨은 넘지만, 예를 들면 1,000초간 쪼여도 눈과 피부에 급성의 상해를 줄 일이 없고 0.25초간 응시해도 청색광 망막상해가 생기지 않는 광원은 이 그룹으로 구분된다.
리스크 그룹 3 [고 리스크] (RG-3)	원칙적인 개념은 순간 또는 아주 단시간 동안 쪼여도(또는 응시해도) 광생물적 상해가 생기는 위험성이 있는 광원. RG-2의 레벨을 넘는 광원은 이 그룹으로 구분된다.

그래서 현재 시판되고 있는 LED 광원에 대해 광원광의 안전성 국제규격에 의한 안전성 평가를 시행하였다(이 시험은 2002년에 실시한 것. 따라서 공시한 LED 샘플은 2002년 당시어 시장에서 판매되고 있었던 것이다).

② 공시(供試) LED 광원과 평가조건

6종류(발광색 : 청색·청록색·녹색·황색·적색·백색)의 시판(일본제) T-7/4 포탄형 LED 광원(狹配光型)에 대하서 실시했다. 또한 측정·평가는 순방향전류 : DC 20 mA의 조건으로 실시했다.

분광 분포는 「그림 3.4-1」과 같다.

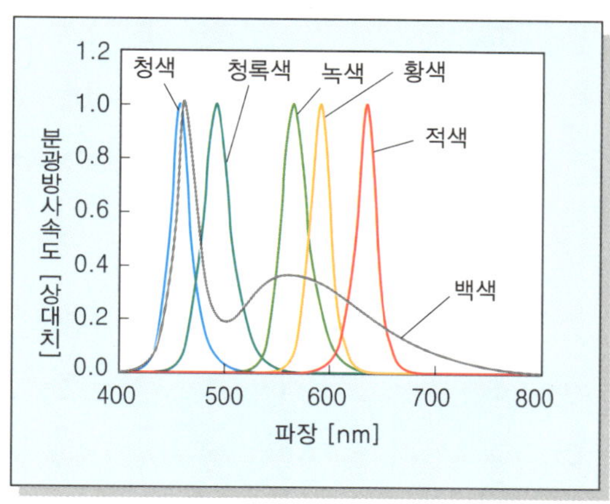

┃그림 3.4-1┃ 공시 LED 광원의 분광분포

③ 평가결과(리스크 그룹의 구분)

「표 3.4-4」에 공시 LED 광원의 리스크 그룹의 구분을 나타냈다.

2002년 당시에 시판되고 있었던 LED 광원을 광원광의 안전성 국제규격으로 평가한 결과는 「표 3.4-4」에 나타낸 바와 같이 청색 LED의 RBLH(청색광 망막상해-발광부가 작은 광원)에 대한 리스크가 RG-2(리스크 그룹2)에 구분되는 것 이외에는 모두 Exempt Group(리스크 면제 그룹)으로 구분되었다.

┃표 3.4-4┃ 광원광의 안전성 국제규격에 의한 시판 LED 광원의 리스크 그룹 구분

상해의 종류	백색	청색	청록색	녹색	황색	적색
1. Actinic UV H., skin & eye	○	○	○	○	○	○
2. Near UV hazard, eye	○	○	○	○	○	○
3. Retinal blue light hazard	–	–	–	–	–	–
4. RBLH, small source	○	RG-2	○	○	○	○
5. Retinal thermal hazard	○	○	○	○	○	○
6. RTH, weak visual stimulus	○	○	○	○	○	○
7. IR hazard, eye	○	○	○	○	○	○
8. Thermal hazard, skin	○	○	○	○	○	○

(주) ○표시 : Exempt Group(리스크 면제 그룹), RG-2 : 리스크 그룹2(중 리스크).

(6) 정리

2002년 당시에 시판되고 있던 포탄형 LED를 CIE의 광원광의 안전성 국제규격(CIE S 009/E)에 의해 안전성 리스크 평가를 실시한 결과, RBLH에 대한 청색 LED의 리스크만이 RG-2로 구분되었다. 그러나 「표 3.4-4」의 평가 결과는 어디까지나 2002년에 시판되었던 제품에 대한 평가 결과다. LED 광원의 성능은 나날이 빠르게 진보하는 상황이고 특히 광 특성에 대해서는 현재 각별히 개량되어 있다. 이 개량 상품에 대해서는 생체안전성 리스크도 변화될 가능성이 있으므로 최신 제품에 대한 재평가가 필요하다.

3.4.5 환경에 미치는 영향

백색 LED의 발광 효율은 50 lm/W 정도로 형광 램프의 1/2 정도이지만, 몇 년 후에는 형광 램프 이상의 효율을 얻는 것이 가능해지고, 긴수명 및 CO_2 삭감의 관점에서 친환경 광원으로서의 수요가 확대될 것으로 개대된다. 또한 형광 램프·HID 램프에는 환경에 부하를 주는 수은을 함유하고 있지만, 백색 LED는 수은 등의 유해물을 함유하지 않는다는 특징이 있다.

LED 모듈이나 기구를 제조·판매하고자 하는 경우, 설계의 과정에서 최종제품의 각 구성 요소(렌즈, 프린트 기판, 방열판, 전원, 기구본체)의 사용 물질과, 자사의 공정 중에서 사용하는(최종제품에는 남지 않는다) 물질에 대한 환경부하를 체크하는 것이 제조책임으로서 요구된다.

LED 조명기구를 제조하는 것을 가정한 경우, 「표 3.4-5」와 같은 환경부하 물질이 구성요소로 사용될 가능성이 있다.

|표 3.4-5| 환경부하 물질

물질명	정령 번호	사용 용도 예
납 및 그 화합물	정령번호 230	납땜제품에 포함된다.
니켈	정령번호 231	도금제품에 포함된다.

|표 3.4-6| 환경에 관한 법규(일본)

구분	법률명
환경 일반	• 환경기본법 • 순환형 사회 형성 추진 기본법 • 국가 등에 의한 환경물질 등의 조달 추진에 관한 법률 • 사람의 건강에 관계되는 공해 범죄의 처벌에 관한 법률 • 특정 공장에 있어서의 공해 방지 조직 정비에 관한 법률 • 환경영향평가법 • 공해 건강 피해의 보상에 관한 법률 • 계량법 • 환경성 설치법
지구 환경	• 지구 온난화 대책의 추진에 관한 법률 • 특정 물질의 규제 등에 의한 오존층 보호에 관한 법률 • 특정 유해 폐기물질 등의 수출입 규제에 관한 법률 • 해양오염 및 해상 화재 방지에 관한 법률
대기오염 악취	• 대기오염방지법 • 도로운송차량법 • 도로교통법 • 자동차에서 배출되는 질소 산화물의 특정 지역에 있어서 총량의 삭감 등에 관한 특별조치법 • 스파이크 타이어 분진의 발생 방지에 관한 법령 • 휘발유 등 품질 확인 등에 관한 법률 • 악취 방지법

　또한, 환경에 관한 법규는 「표 3.4-6」에 보는 바와 같이 여러 갈래에 걸쳐 있고, 제품의 종류에 따라 적용되는 법규도 바뀌기 때문에 구체적인 케이스에 따라 조사·대응하는 것이 필요하다.

MEMO

04

응 용

LED는 고휘도한 청·녹색 및 백색 LED의 등장 이후, 그 성능 향상
에 따라서 다양한 분야에서 응용되고 있다.
이 장에서는 LED 응용의 현상을 이해하는 것을 목적으로 LED가
사용되고 있는 다양한 응용의 실례를 소개한다.

4.1 조명 분야

4.1.1 주택 분야

(1) 풋 라이트(foot light : 각광), 상야등(常夜燈)

이 용도의 기구는 많은 광량이 필요하지 않기 때문에 LED가 조명 용도로 사용되기 시작한 초기부터 각 회사에서 상품화가 활발하게 행해지고 있는 분야이다.

일본공업규격(JIS) 조도기준(Z9110)에서는 주택 심야의 침실·화장실·복도·계단의 조도를 1~2 lx라고 규정하고 있다. 지금까지는 상야등 다운 라이트로서 적합한 밝기의 광원이 없기 때문에 거의 상품화 되지 않았지만 백색 LED나 등색 LED를 사용하는 것으로 상야등에 적합한 다운라이트가 개발되고 있다. 포탄형 LED 등 협각 배광의 LED를 사용하여 빛을 확산하지 않고 필요한 곳에 필요한 불빛을 조사하는 것이 가능하게 되었다.

LED의 장점인 긴수명·전력 절약에 의하여 램프 교환이 불필요하게 되고 밤새, 혹은 항상 점등해도 전기요금을 걱정할 필요가 없다. 또한, 발밑의 장애물을 비추어 야간의 안전성을 확보하면서도 최소한의 밝기이기 때문에 야간에 화장실 등에 갈 때 눈부셔서 잠이 깨는 것을 막고 있다.

이 타입의 기구는 주택용뿐만 아니라 병원 등의 시설용 대상으로도 상품화되고 있다(「그림 4.1-1」, 「그림 4.1-2」).

(2) LED 부착 실링 라이트(ceiling light : 천장등)

종래, 실링 라이트 등의 야간등으로서 이용되고 있던 소형전구를 LED로 치환한 조명기구가 일반적이지만, 단순하게 LED로 치환한 것뿐만 아니라 LED의 콤팩트성이나 지향성을 살린 새로운 디자인의 기구가 다양하게 상품화되고 있다. 「그림 4.1-3」은 가정에서 홈 시어터를 즐길 때 공간을 적당한

|그림 4.1-1| 풋 라이트

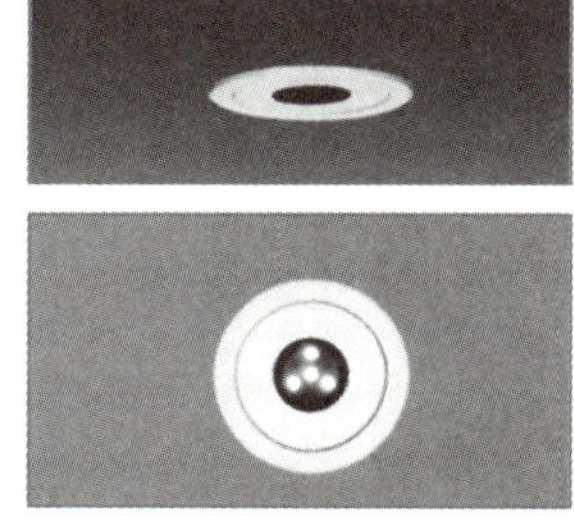

|그림 4.1-2| 상야등

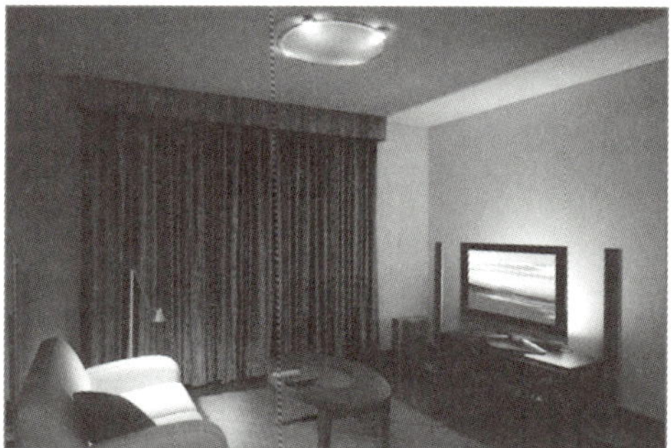

|그림 4.1-3| 홈 시어터 라이팅

밝기로 비추어 화면에 집중하기 쉽고 현장감을 상승시킬 수 있는 조명 시스템의 한 예이다. 이 실링 라이트의 주의에는 연출용 LED가 4곳에 설치되어 있고 리모컨으로 LED부의 밝기를 바꿀 수 있게 되어 있다. 「그림 4.1-4」는

커버의 바깥 둘레에 평행하게 설치된 2개의 링에 LED의 빛을 도광하여 공간을 환상적으로 연출할 수 있는 기구이다. LED의 광색도 청색과 주황색의 두 종류가 출시되고 있다.

│그림 4.1-4│ LED 연출 실링 라이트

(3) 주택용 옥외 조명기구

LED의 소형·콤팩트·긴수명이라고 하는 장점을 살린 주택의 옥외 (exterior)용 조명기구가 다양하게 상품화되고 있다. 입구에서 발밑을 밝고 안전하게 비추는 입구 라이트, 스포트 라이트나 풋 라이트를 비롯하여 음식 재료를 부각시켜 주는 장식용 기구나 표찰의 문자를 야간에도 선명하게 보이게 하는 표찰등 등이다.

LED 지향성을 잘 활용한 배광을 갖고 디자인면에서도 뛰어난 상품이 많고, 앞으로 LED 고출력화의 진전에 따라 이 분야의 상품도 증가할 것이라고 생각된다(「그림 4.1-5」).

(4) 데스크 라이트 · 플로어 라이트

LED는 소형·콤팩트한 광원으로 지금까지 불가능했었던 자유롭고 독특한 디자인이 가능하기 때문에 새로운 조명 인테리어로서의 전개가 기대된다.

「그림 4.1-6」은 고휘도 LED를 직선상에 배치한 데스크 라이트 및 플로어 라이트로서 알루미늄 특유의 질감에 단순한 디자인이 가미된 인테리어 조명이다. 외관색에 맞추어 백색 타입(실버로 마무리), 전구색 타입(블랙으로 마무리)의 두 가지의 광원색이 있다.

데스크 라이트는 접어서 수납하거나 각도를 자유로이 바꿀 수 있는 독특한 디자인으로 되어 있다.

스포트 라이트

입구 라이트

낮은 플로어 라이트

정원 장식용 기구

표찰등

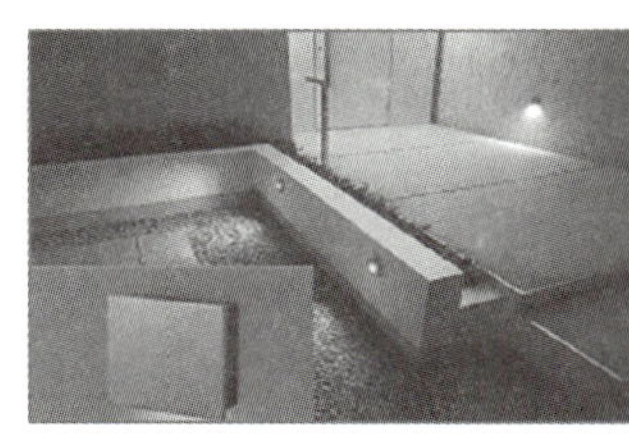

옥외용 풋 라이트

|그림 4.1-5| 주택용 옥외 조명기구

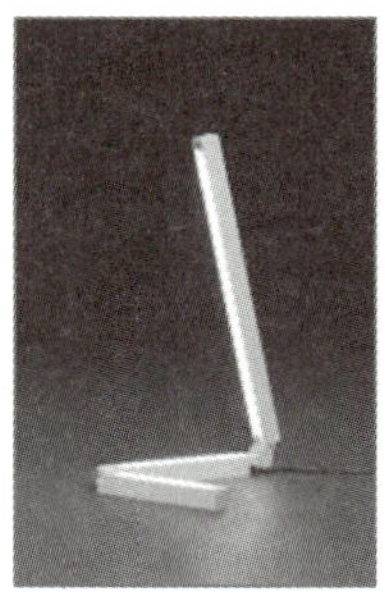

데스크 라이트

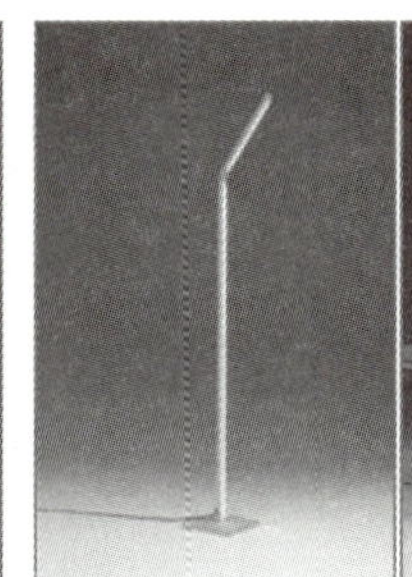

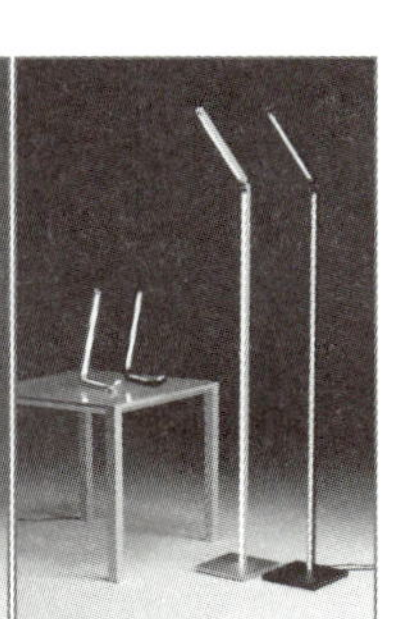

플로어 라이트

|그림 4.1-6| 인테리어 조명의 예

또한 플로어 라이트도 상부의 각도를 자유로이 바꿀 수 있다. 게다가 단추 조작에 의해 8단계의 조광이나 상하 2곳에 점등 절환 등 분위기에 맞추어서 인테리어를 연출할 수 있다.

4.1.2 시설 분야

(1) 유도등

유도등은 화재나 뜻밖의 정전이 발생했을 때 그 곳에 있던 사람들이 신속하고도 안전하게 피난할 수 있도록 비상구나 피난경로를 나타내는 소방용 설비인데, 최근 백색 LED의 성능 향상에 따라 백색 LED를 광원으로 사용한 도광식(導光式) 타입의 유도등이 등장하고 있다.

백색 LED는 종래의 형광 램프와 달리 수은을 포함하지 않기 때문에 친환경 광원임과 동시에 깨지기 어려운 구조·소재이므로 종래의 기구와 비교해서 램프 교환 시의 유지성이 대폭 향상되었다. 백색 LED를 사용한 도광식 유도등은 표시면의 휘도 얼룩을 억제하고 JIL5502(유도등 기구 및 피난유도 시스템용 장치기술 기준)를 충족시키는 높은 시인성도 확보하고 있어, 유도등에 요구되는 기능을 충분히 만족시키면서 다양한 공간에 어울리는 깨끗하고 세련된 디자인으로 되어 있다(「그림 4.1-7」).

LED 도광식 유도등의 이점은 아래와 같다.

① 소비전력의 저감(환경대응. 「표 4.1-1」 참조)

② 수은 없음(환경대응).

③ 냉음극 램프와 비교해 깨지기 어렵고 취급하기 쉬움(작업성의 향상).

C급 LED 유도등

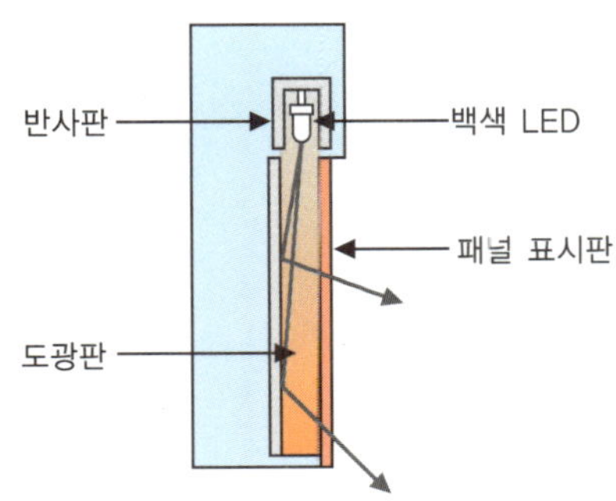

LED 도광식 유도등의 단면도

|그림 4.1-7| 유도등

│표 4.1-1│ C급 유도등에 있어서의 LED와 냉음극 램프의 비교

광원	LED	냉음극 램프(예)
소비전력	2.4 W	4.8 W
연간 사용시간	8,760 시간	8,760 시간
연간 전기요금	403 엔	806 엔

㈜ 전기요금은 23 엔/kWh로 계산

④ 냉음극 램프와 비교해 2차 전압이 낮음(안전성의 향상).

⑤ 저온 시 시동특성의 개선(성능 향상)

(2) 병원용 침대 라이트(bed light)

병원용 침대 라이트는 주변에 충분한 빛을 확보하는 것은 물론이지만, 옆 침대에 빛이 새나가지 않는 것도 중요하다. 집광성이 높은 렌즈가 딸린 LED 를 광원으로 채용하는 것으로 이 문제를 해결한 침대 라이트가 상품화되고 있다(「그림 4.1-8」).

침대에서의 독서에 적합한 조도를 일본공업규격(JIS) 조도기준(Z9110)에서 는 150~300 lx로 규정하고 있으며, 집광 렌즈가 부착된 LED 광원은 주변에 A4 사이즈 상당(ϕ 320 mm)의 범위에 300 lx의 조도(조사거리 45 cm 때)를 확보하면서 옆 침대에는 거의 빛이 새지 않는 배광을 실현하고 있다.

또한, 광원에 LED를 이용함으로써 등기구가 작고 가벼워지며 조작성이 종래의 기구보다 향상될 뿐만 아니라 빛의 조사방향에 열이 거의 발생하지 않기 때문에 얼굴이 기구의 근방에 접근해도 백열등과 같은 뜨거운 열을 느 끼는 일은 없다.

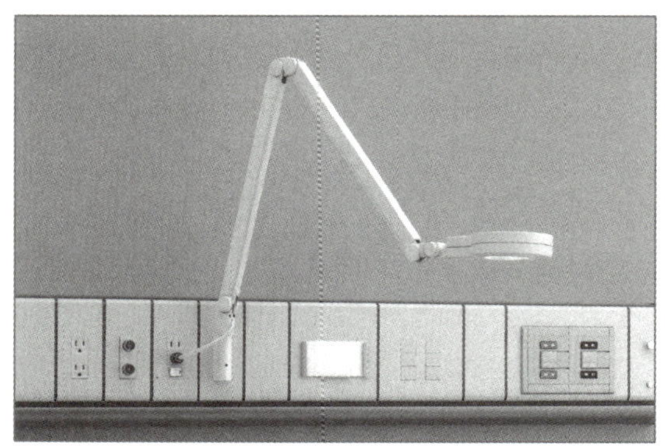

│그림 4.1-8│ LED를 이용한 병원용 침대 라이트

(3) 전자파 저감 조명기구

의료 시설이나 반도체 공장 등에서는 정밀 기기에 영향을 끼치는 전자파(노이즈)의 저감이 요구되기 때문에 조명기구에 있어서도 노이즈 저감 필터 등을 탑재함으로써 기구에서 발생하는 노이즈를 감소시키는 것이 필수적이다. LED의 경우에는 원래 직류로 점등하기 때문에 고주파 점등을 하는 인버터식 형광등 기구 등에 비하여 노이즈의 발생이 적으며 게다가 전원회로의 고안으로 노이즈 레벨을 더욱 더 저감해서 기구 부재(部材)에 비자성체 소재를 채용한 LED 조명기구가 발매되고 있다.

노이즈에 민감한 의료기기나 정보기기 등에의 영향을 감소시켜 MRI실(핵자기공명법에 의한 화상 촬영) 등 강한 자기장을 발생하는 기기의 근처에도 설치하는 것이 가능한 사양이다(「그림 4.1-9」).

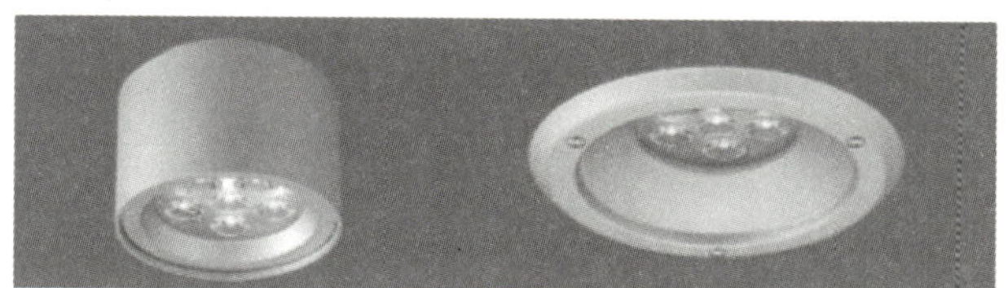

|그림 4.1-9| MRI실용 LED 조명기구

4.1.3 점포 분야

(1) 스포트라이트, 다운 라이트, 실링 라이트

소형·콤팩트, 열선이나 자외선을 거의 포함하지 않는다는 LED의 장점을 가장 잘 살리고 있는 것이 이 분야의 상품들일 것이다. 광출력은 수십 lm 정도의 것이 주류이지만 집광 렌즈와의 조합이나 근접 조사하는 것에 의해 피조사면의 조도를 확보하는 것으로, 쇼케이스 내 조명 등의 용도를 중심으로 이용되고 있다. 또한 기존의 광원에서는 실현될 수 없는 참신한 디자인의 기구가 많은 것도 이 분야의 장점이다. 또, 최근 LED의 고출력화와 더불어 광출력이 상승된 상품도 증가하고 있다(「그림 4.1-10」, 「그림 4.1-11」).

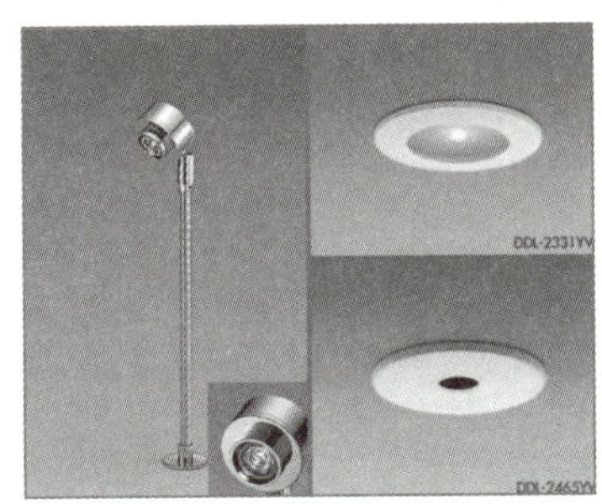

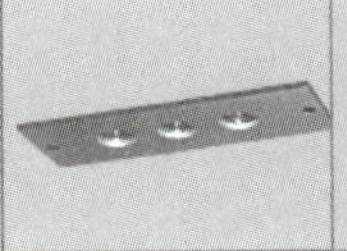

| 그림 4.1-10 | 스포트 라이트, 다운 라이트, 실링 라이트의 여러 가지

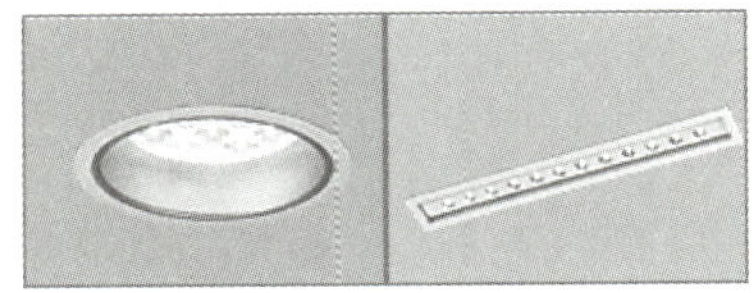

| 그림 4.1-11 | 광출력 약 250 lm의 다운 라이트 및 라인형 다운 라이트

(2) 스틱 조명

고품질 알루미늄 매트 실버로 마무리해 고급스러운 스트레이트 라인 LED 조명광원 유닛이다.

지름 16 mm의 단면 형상으로 설치전용 쇠장식에 의하여 간단하게 고정할 수 있고, 회전이 가능해 조사 방향을 자유롭게 이동할 수 있다. LED색은 백색·전구색·청색·녹색 등 다양한 색이 가능하고 약 200 mm부터 1,000 mm 까지의 표준길이도 가능하다. 전원전압은 DC 12 V이고 전용의 AC 어댑터로 점등시키는 것도 가능하다.

연속 점등 이외 점멸이나 다양한 점등 모드를 선택할 수 있는 전용 소형 컨트롤러에 의해 다양한 연출도 가능해서 점포 공간의 부분강조 조명으로서 여러 부분에 사용할 수 있다(「그림 4.1-12」).

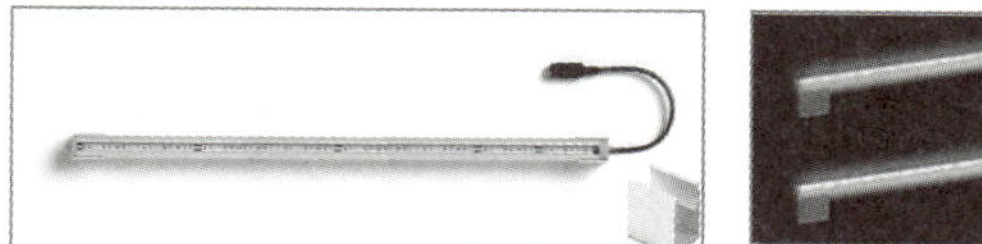
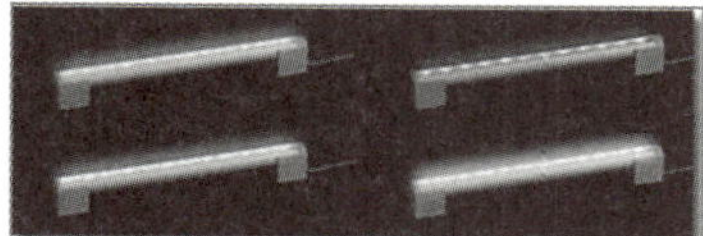

부착 쇠장식

|그림 4.1-12| 스틱 조명

4.1.4 옥외 분야

(1) 옥외(exterior) 라이트 전반

야간에 장시간 점등을 전제로 하는 옥외 조명에 있어서 LED의 우위성은 그대로 제품의 장점이 될 수 있다. 전기요금의 저감이나 유지보수 작업의 삭감은 설치하는 시설의 크기에 상관없이 도입 동기가 될 것이다. 몇 개의 상품 사례를 「그림 4.1-13」에 소개했다.

이 제품들은 적절한 조명 계획과 함께 사용된 경우에 보행자나 운전자에게 가장 좋은 어프로치 라이트가 된다. 장거리에서 시인성을 확보하면서 불쾌한 빛을 피하는 설계사상은 차광각도를 고려한 고도의 반사기 제어에 의하여 실현되고 있다. 고순도 알루미늄 증착처리를 한 복잡한 형상의 반사기는 위쪽에 위치한 LED에서의 에너지 손실을 최소화하면서 전방향으로 빛을 반사하는 광학 설계이다.

또한 주위 환경에 맞추어 백색 타입 및 전구색 타입의 색온도가 출시되고 있다. 게다가 옥외 조명의 기본 성능인 방수성과 내후성에 대해서도 높은 품질을 확보했다.

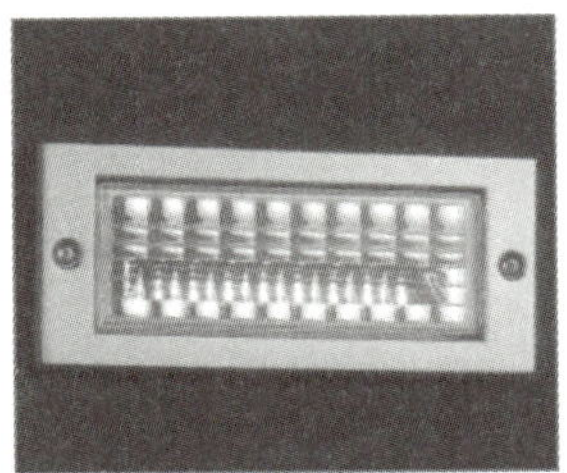
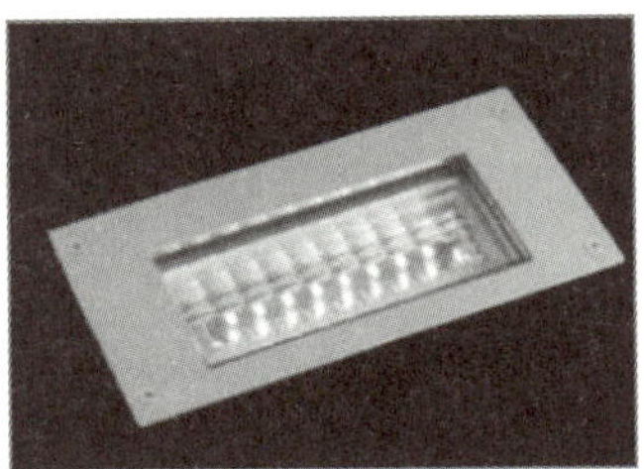

풋 라이트　　　　　베리드 라이트(지중매설기구)

브래킷 라이트　　　　　가든 라이트

|그림 4.1-13| 옥외 라이트의 예

(2) 빛나는 건축 부재

LED는 소형·콤팩트이면서 긴 수명을 가진 광원이기 때문에 건축의 구조물에 삽입시켜 이용하고자 하는 주문이 많이 있다. 그러한 요구에 응할 수 있도록 하는, 빛나는 건축 부재로서 건축공간의 여러 군데에 삽입이 가능한 LED 조명기구가 개발되고 있다.

다양한 요구에 응할 수 있도록 점상·선상·면상의 기구가 출시되어 있어 건축물의 조명공간을 돋보이게 하는 숨은 공로자의 역할을 하고 있다. 이런 기구 시리즈는 옥외 용도뿐만이 아니라 옥내 공간도 포함한 폭 넓은 용도로 사용할 수 있도록 설계되고 있다(「그림 4.1-14」).

(3) 솔라 라이트

소비전력이 적은 LED는 솔라 패널과 조합시켜 사용하는 것에 적합한 광원이라고 할 수 있다. 각 제조사로부터 솔라 패널과 LED를 조합시킨 다양한 상품이 발매되고 있지만, 지구 환경에 좋다는 측면 이외에도 정전 시에 점등이 가능해 재해 시의 피난·유도효과 등도 기대되고 있다(「그림 4.1-15」).

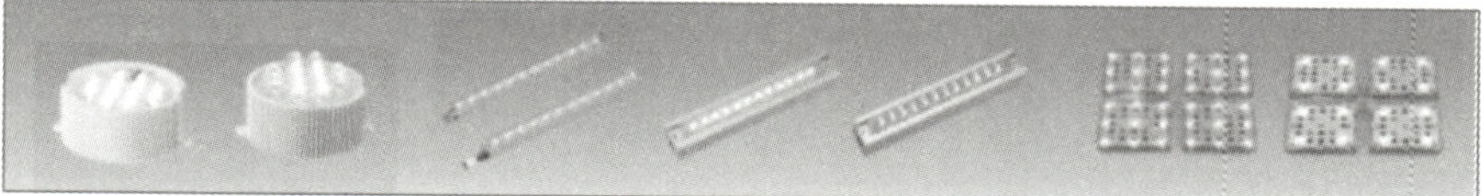

빛나는 건축부재(점·선·면형 기구)

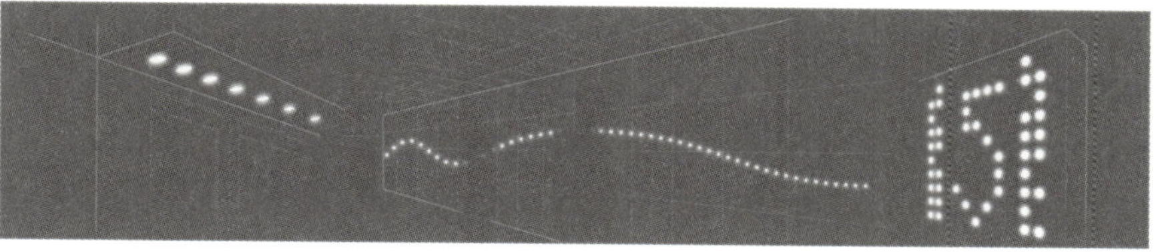

점형기구의 응용 이미지 : 문자나 무늬 등 유연하게 배치

선형기구의 응용 이미지 : 연속한 라인 광이 건축에 아름다운 액센트를 연출

면형기구의 응용 이미지 : 여러 가지 부재와 조합하여 광천정, 광벽, 광마루 등에 배치

┃그림 4.1-14┃ 빛나는 건축부재와 응용 예

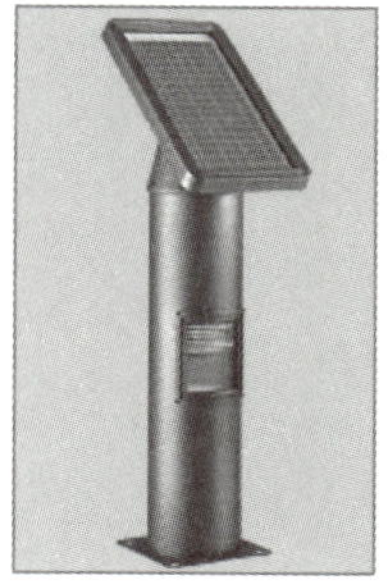

어프로치 라이트

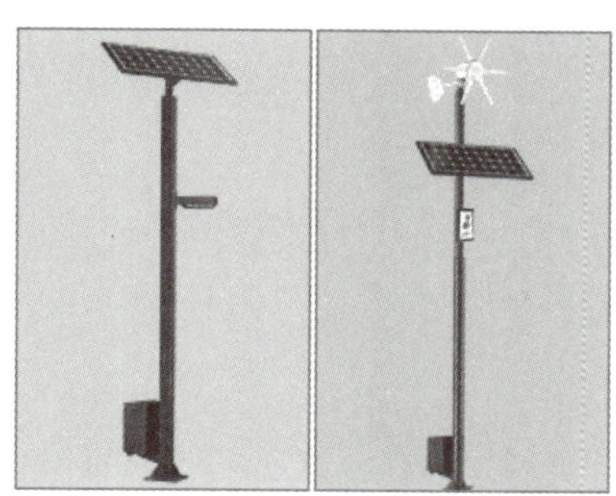

솔라 라이트
(오른쪽은 풍력발전과 조합한 사례)

┃그림 4.1-15┃ 솔라 라이트의 예

4.1.5 연출 분야

(1) 컬러 연출조명 기구·시스템

종래의 연출조명에서는 백색광원에 필터를 사용해서 색을 칠하거나 색이 다른 네온이나 형광등을 여러 개 사용하거나 해서 ON/OFF의 조합에 의하여 색을 만들어내는 수법이 채용되었다. 그러나 이러한 방법으로 만들 수 있는 색은 한계가 있어서 연출내용도 단조로운 것이 사실이다.

LED로 컬러 연출조명을 하는 경우, 빛의 3원색인 R·G·B(적·녹·청)의 3색의 LED와 마이크로프로세서를 조합해 각각의 휘도를 컨트롤함으로써 여러 색의 표현이 가능하게 된다. LED는 휘도를 매우 자세하게 컨트롤할 수 있기 때문에 이 수법으로는 지금까지 재현하는 것이 어려웠던 여러 색의 표현이 가능하게 된다. 이것은 단지 재현할 수 있는 색의 수가 늘어날 뿐만 아니라, 어느 한 색으로부터 다른 색으로 변천을 순조롭게 하는 것도 가능하기 때문에 연출의 폭도 더욱 더 넓어지는 것이다(「그림 4.1-16~18」).

이 분야의 상품은 규모가 큰 연출제어 시스템뿐만 아니라 LED의 색변화에 더해 LED의 긴 수명·콤팩트라는 장점을 살리는 다양한 상품이 제안되고 있어 종래의 기구로서는 실현하지 못했던 공간연출이 가능하다(「그림 4.1-19」).

|그림 4.1-16| 수중 조명을 사용한 분수 연출의 사례

│그림 4.1-17│ LED의 제어성을 살린
화상 연출의 사례

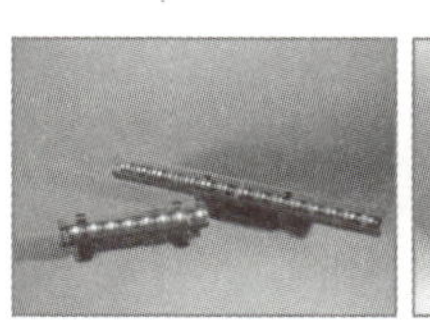

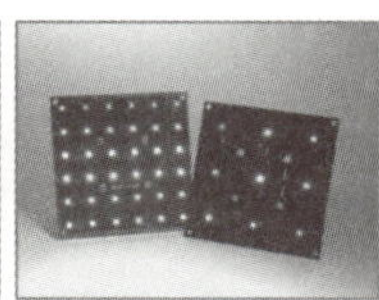

│그림 4.1-18│ 컬러 연출 사례와 기구

(2) 벽면 풍차 에코 커튼, 풍차 조사 스포트라이트

에코 커튼은 여러 개의 수직형 풍차(사보니우스형 풍차)와 태양광 전지를
조합한 하이브리드형 발전기기로 발전한 전력으로 풍차수의 1 W 스포트라
이트를 점등, 풍차를 연출한다.

카운터 톱 라이트
연출 사례

풋 라이트 연출 사례

|그림 4.1-19| 새로운 공간 연출

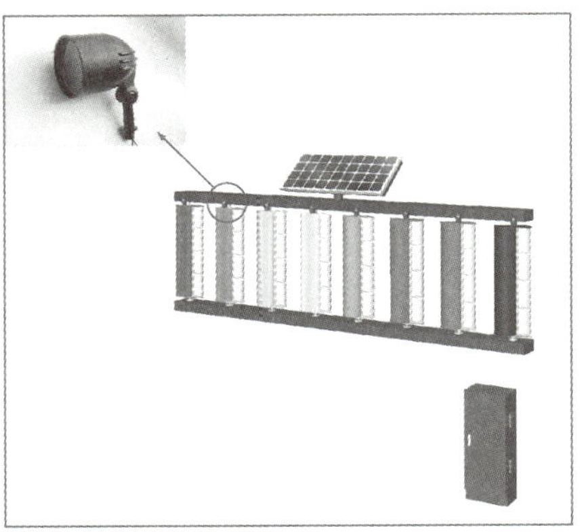

|그림 4.1-20| 벽면 풍차 에코 커튼, 조사 스포트라이트

　이 스포트라이트에는 12개의 백색 LED가 장착되어 있고 12 V로 점등할 수 있어 40,000시간의 긴 수명으로 유지보수비가 적게 든다. 외측은 수지로 경량 콤팩트한 상품이다(「그림 4.1-20」).

4.2 휴대전화 분야

4.2.1 휴대전화

현재의 LED 응용 어플리케이션 중에서 가장 많은 LED를 사용하고 있는 것이 휴대전화용 제품으로 액정화면이나 키패드의 백 라이트, 카메라용 플래시 등에 사용되고 있다. 액정 패널의 컬러화나 카메라 탑재형 휴대전화의 증가에 따라 백색 LED의 사용 빈도도 증가해 왔다(「그림 4.2-1, 2」).

컬러 액정용
백 라이트 유닛

|그림 4.2-1| 휴대전화 응용

|그림 4.2-2| 카메라 플래시용 LED

4.3.1 LED식 교통신호등

전구식의 신호등은 광원에 백열전구를 이용해서 반사경과 적색·황색·청색에 착색한 렌즈(필터)를 조합하여 신호색을 만들고 있다. 그것에 반해 LED식의 경우는 발광 다이오드가 표시면 전체에 배치되어 LED의 발광색이 직접, 신호색이 된다. 한 가지 색 당의 LED의 수량은 10년 전 개발 당시에는 700개 이상 사용되었지만, LED의 고휘도화에 따라 현재에는 약 200개가 된다.

LED식 교통 신호등은 종래의 전구식에 비해 에너지 효율이 특히 높고 소비전력량이 차량용에서는 70 W에서 약 15 W로 1/5 정도, 보행자용에서는 60 W에서 15 W 이하로 1/4 이하로 줄어든다.

[참고] LED식 교통신호등(일본)

일본 전국의 전구식 교통신호등을 모두 LED식 신호등으로 교환했을 경우, 연간 8.3억 kWh가 절전된다. 이것을 원유로 환산하면 약 20만 kl(유조선 1척 가량)에 해당하여 약 8,300만 그루의 수목을 식림한 것과 같은 CO_2 삭감효과를 얻게 된다 (2003년 8월 기준, LED 조명추진협의회 조사).

또한 LED식 신호등은 수명이 길기 때문에 정비나 폐기물처리 등의 라이프 사이클 비용을 큰 폭으로 절감하는 장점이 있다. 그러한 환경면에서의 이점에 더하여 시인성이 높고 석양이라도 의사점등이 발생하기 어렵다는 등 안전면에서도 여러 가지 이점을 갖추고 있다.

[참고] 차량용 교통신호의 설치 대수(일본)

차량용 교통신호등의 설치 대수는 2006년 3월 말 현재, 약 113만 등이다. 그 중에 LED식은 약 14만 등이며, 이 1년간에 약 4만 등이 증가하여 신호등 전체에 차지하는 비율이 12.8 %(전년은 9.3 %)가 되었다. 그렇지만 여러 외국과 비교하면 아직 LED화율이 늦은 것이 실태이고 지금부터 보급 촉진이 기대된다(「그림 4.3-1」).

LED식 차량용 교통신호등

LED식 보행자용 교통신호등

|그림 4.3-1| 교통신호등의 응용

4.3.2 터널용 표시등

터널 내의 안전 확보를 목적으로 200 m 간격으로 설치되는 표시등은 100 m 거리에서 확인할 수 있어야 한다. LED를 사용한 도광식 표시등은 특수 도광판의 채용에 의해 패널의 표면 휘도를 균일하게 컨트롤하는 것으로 높은 균제도를 확보하고, 또 측면부에 슬릿을 만들어서 LED의 발광을 보여주는 것으로 100 m 전방부터 확인하는 데 필요한 평균 휘도를 충족시키고 있다.

또한 긴 수명·소형이라고 하는 LED의 특징에 의하여 램프 유지보수의 절약, 기구를 얇게 할 수 있어 시공비절약 외에, 에너지 절약에도 기여하고 있다(「그림 4.3-2」).

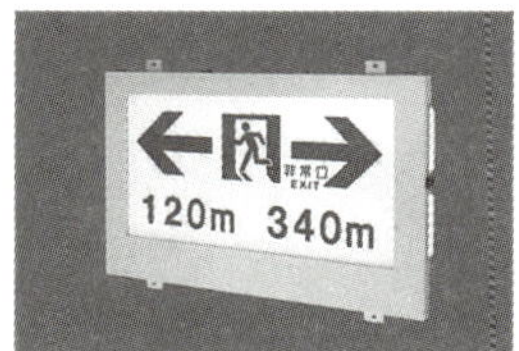

LED 도광식 표시등(터널 내부용)

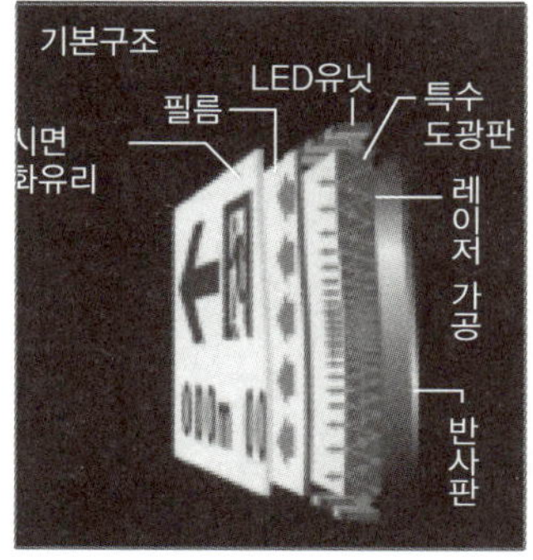
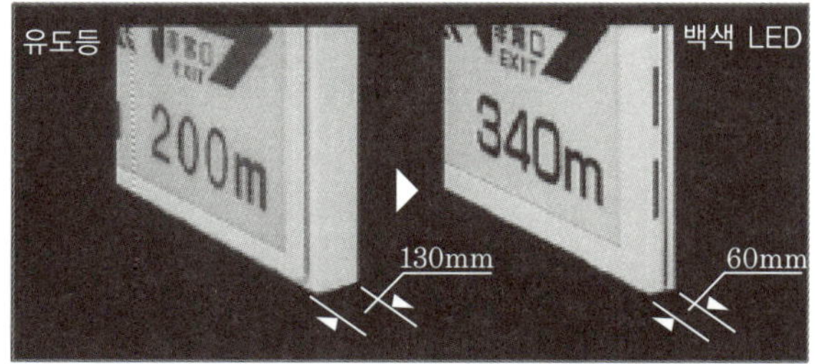

그림 4.3-2 터널 내부용 표시등

그림 4.3-3 가로등

4.3.3 가로등

LED의 고출력화에 따라 조도를 확보하기 위해서 많은 광속이 필요한 가로등 분야에도 최근 LED를 탑재한 것이 개발되고 있다. 「그림 4.3-3」에 나타난 가로등은 1 모듈당 고출력 백색 LED가 42개 탑재되어 있고, 소비전력은 200 W로 나트륨 램프의 약 절반이 되며, 광속도 3,600 lm을 확보하고 있다. 1 모듈로 편도 3차선분을 담당할 수 있는 배광특성을 가지고 있고, 그림과 같이 2 모듈이 탑재된 기구를 탑재 중앙분리대에 설치하는 것으로 최대 6차선을 조사할 수 있다.

4.3.4 LED 터널 시선유도등

보통 터널에는 안전주행을 확보하기 위해서 조명설비가 설치되어 있다. 조명설비의 역할은 낮에 밝은 야외에서 어두운 터널 내로 진입할 때에 터널 내의 장애물이나 선행차 등을 안전하게 회피(정지)할 수 있는 거리에서 확인 가능한 시야환경을 제공하는 것이다. 이 때문에 터널의 입구부와 출구부에는 인간의 눈의 순응을 고려해서 충분한 밝기가 필요하게 된다. 그러나 조명설비만에 의한 밝기는 야외의 밝기의 대강 2.5 %에 지나지 않고 진입 시에는 터널 안이 암흑의 굴처럼 보일 수도 있다. 그 결과 운전자는 불안한 마음에 감속하기 때문에 이것이 정체의 원인이 된다. LED 터널 시선유도등은 이것들을 보완하여 보다 안전성이 높은 주행을 돕기 위해 터널의 외부 및 터널 내부의 갓길에 설치되어 있다(「그림 4.3-4」). 터널 시선유도등을 설치하는 주요한 목적은 다음의 2가지이다.

|그림 4.3-4| LED 터널 시선유도등의 설치 예(국도 246호·야마키타 바이패스 세도 터널) (사진 : 국토교통성 요코하마 국도사무소)

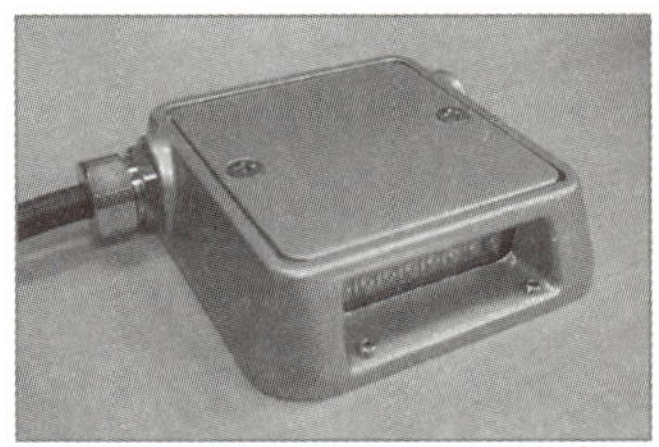

발광소자	평행 광형LED 8개
발광색	황색, 발광파장의 피크 592 nm
중심광도	70 cd
정격전압	DC 24 V
용량	0.5 VA 이하
사이즈	폭 125 mm×안길이 130 mm×높이 35 mm
조광	0~100 %로 16단계

|그림 4.3-5| LED 터널 시선유도등의 예 및 사양

① 터널에 진입할 때 도로 폭이나 선형의 인식을 손쉽게 한다.
② 터널에 진입한 후 노면과 벽면의 경계나 분리대 부근을 명확하게 하고 주행 목표선을 준다.

LED 터널 시선유도등의 예와 사양은 「그림 4.3-5」와 같다. 이것으로 에너지를 아끼며 안전 주행을 돕는 터널 조명 유도등을 기대할 수 있을 것이다.

4.3.5 LED도로 시선유도등

LED 시선유도등은 교통사고 방지책의 하나로서 비교적 급한 곡선부를 가지는 도로의 코너부에 설치된다. LED 시선유도등 설비의 기대 효과는 다음과 같다.

① 연속적인 빛을 발생시켜 커브 전에 모양을 인식하고 감속하게 함으로써 커브 구간 내에서의 원활한 핸들 조작을 기대할 수 있다.
② 수명이 길기 때문에 램프 교환 등의 보수 작업으로 차선을 통제하는 일을 줄여 정체를 완화할 수 있다.
③ 콤팩트형이므로 낮은 위치에 설치할 수 있다.
④ 전력 절약으로 경제적이다.

「그림 4.3-6」은 국도 25호 나고야-오사카 고속도로 코메타니지구(米谷地區)에 설치한 예이다. 반경 300 m의 곡선부에 높이 1 m로 LED 시선유도등이 474대가 설치되어 있다. LED 시선유도등의 사양은 「표 4.3-1」과 같다.

|그림 4.3-6| LED 시선유도등의 설치 예
(사진 : 국토교통성 킨키 지방정비국 나라국도 사무소)

용량	30 VA/1 대
정격전압	200 V
발광파장	적색 : 620~660 nm 황녹색 : 560~580 nm
사이즈	폭 1,000 mm×안길이 130 mm×높이 150 mm
조광	50 %, 100 %로 2단계

4.3.6 시각장애인용 시선유도등(LED 점자 블록)

LED 점자 블록은 시각장애인 중 약시자의 보행을 돕기 위한 시선유도등이다. 고령화 사회를 맞이하여 고령자나 시각장애인이 안전하고 안심한 생활을 할 수 있는 지역 만들기가 요구되고 있다.

점자 블록은 시각장애인의 보행을 돕기 위해 전국적으로 보급되고 있지만 야간에 충분한 조명이 없으면 점자 블록은 보이지 않게 되어, 약시자들이 안심하고 야간 외출을 할 수 없다는 문제가 있었다.

그래서 점자 블록 자체를 빛나게 하는 것으로, 야간의 시인성을 향상시키는 방법이 고안되었다. 점자블록을 빛나게 하는 방법은 몇 가지 생각할 수 있는데, 아래와 같은 장점으로 인해 LED를 채택한 예가 늘어나고 있다.

① 콤팩트이기 때문에 점자 블록에 손쉽게 내장할 수 있다.

② 지향성이 높고 배광 제어가 용이하여 약시자에게 필요한 광도를 얻을 수 있다.

③ 수명이 길기 때문에 유지비가 경감된다.

LED 점자 블록의 설치 예는 「그림 4.3-7」과 같다. 녹색으로 빛나고 있는 것은 LED 선상 블록(「그림 4.3-8」)이고 '진행'을 나타낸다. 적색으로 빛나는 것은 LED 점상 블록(「그림 4.3-9」)이고 '정지·주의'를 나타낸다.

이것으로 약시자의 야간 보행을 도와 안전·안심할 수 있는 지역 만들기가 가능해졌다.

|그림 4.3-7| LED 점자 블록의 설치 예(JR 미타카역 북쪽 입구)(사진 : 무사시노시청)

|그림 4.3-8| LED 선상 블록 |그림 4.3-9| LED 점상 블록

이동체 분야

4.4.1 자동차

자동차에의 LED 응용은 자동차용 광원의 '에너지 절약화, 리사이클화, 긴 수명화'라는 흐름에 따라 하이마운트 스톱 램프나 계기판의 각종 미터류의 백 라이트(「그림 4.4-1」) 등 그다지 많은 광량을 필요로 하지 않는 용도를 중심으로 채용되고 있다. 또한 최근에는 리어 콤비네이션 램프에 LED가 탑재되는 차종도 증가했다. 또한, 백색 LED의 광량이 증가함에 따라 맵 램프(실내 중앙등)나 차량 탑재용의 독서등(「그림 4.4-2」)이라는 조명용도(어느 정도의 광량이 필요한 용도)에도 LED가 채택되는 경우가 생겼다. 앞으로는 한층 더 고출력화·고효율화 기술의 진전에 따라 헤드 램프에 LED가 채용되는 날이 올 것이라고 기대된다.

현재 개발이 진행되고 있는 백색 LED를 탑재한 헤드 램프를 「그림 4.4-3」

│그림 4.4-1│ 계기판의 각종 미터류

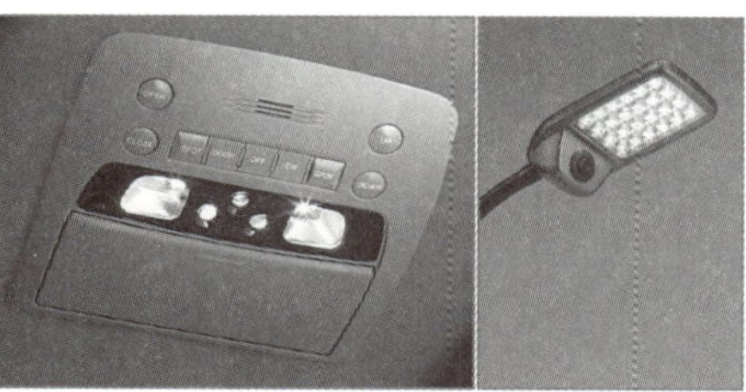

│그림 4.4-2│ 맵 램프(좌)와 독서등(우)

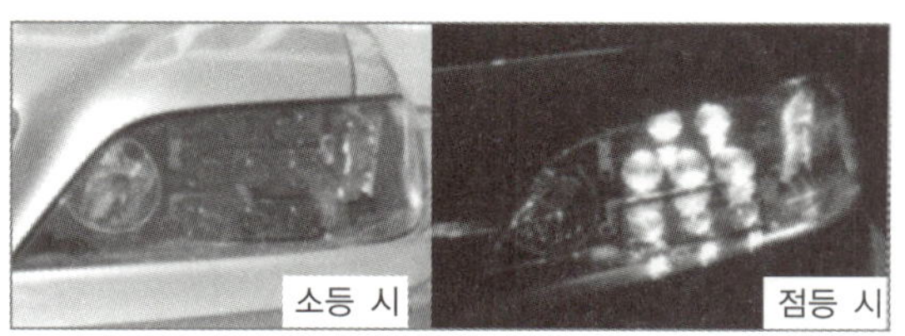

│그림 4.4-3│ 헤드 램프

에 나타낸다. 헤드 램프용으로 개발된 고신뢰성 백색 LED를 낮은 빔으로써 10개 탑재(소비전력 60 W)해서 등구 광속 900 lm을 확보하고 있다.

또한, 자색 LED와 광촉매를 조합하는 것에 의해서 탈취(脫臭) 성능을 가지게 한 '광 탈취 공기 청정기(「그림 4.4-4」)'도 실용화되고 있어 차량 탑재용뿐만이 아니라 다양한 용도로 개발될 것으로 기대된다.

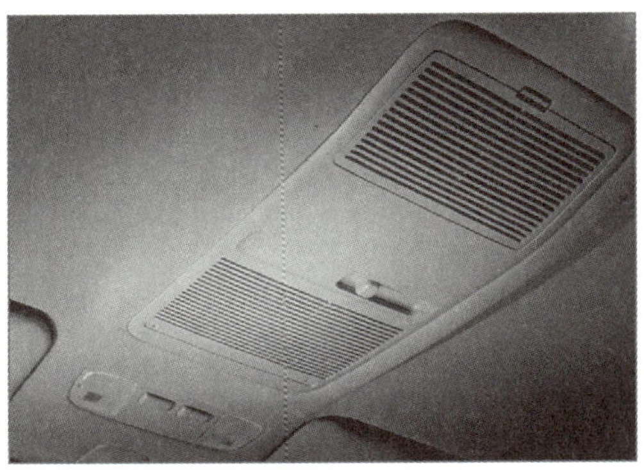

|그림 4.4-4| 공기청정기

4.4.2 철도차량

자동차·철도차량·항공기·선박 등의 이동체에 대한 응용은 아래와 같이 LED의 특성을 살릴 수 있기 때문에 일반조명에 앞서서 응용전개가 기대되는 분야이다.

【LED 응용의 이점】

① 진동에 대해서 강함 → 유지비용의 대폭 삭감
② 긴 수명 → 유지비용의 대폭 삭감
③ 배광 제어가 용이 → 조사면에 대한 조명률이 양호, 또 글레어 저감 등에 기여
④ 소형 → 선반과 같은 제한된 공간에도 삽입 가능
⑤ 경량 → 차체 중량의 경감을 통해 운행 시의 에너지 소비량의 저감

「그림 4.4-5」는 특급차량의 선반의 아래에 좌우 각 2열, 합계 4열의 라인 조명을 삽입시킨 예로, 돔형 천장의 형광등 간접 조명과 함께 객석에 있어서 300 lx 이상의 조도를 얻고 있다.

객실 내 전경
(LED 조명＋형광등 간접조명)

선반 아래의 LED 조명
(확대)

선두차량
(전망석＋운전대)

출입구의
LED 조명

좌석 끝부분의
LED 보조조명

|그림 4.4-5| 철도의 응용사례
(사진 : 小田急電鐵新型特急 로맨스 카 VSE, 總括디자인
岡部憲明아키텍처 네트워크)

사인·디스플레이 분야

4.5.1 사인 분야

　LED의 에너지 절약성과 유지비 절약성에 착안하여 네온을 대신하는 새로운 광원으로서 LED의 사용이 늘고 있다. 대표적인 용도로서 사인 문자의 응용을 들 수 있는데, 크게 나누어서 금속 채널 문자의 내부에 LED 모듈을 삽입시킨 것(「그림 4.5-1」)이나 특수 수지의 속에 포탄형 LED를 메워 넣고 확산시켜 균일한 발광을 얻을 수 있는 절문자(切文字) 타입(「그림 4.5-2」), LED 그 자체를 의장적으로 확실하게 보이게 하는 타입(「그림 4.5-3」) 등이 있다.

|그림 4.5-1|

|그림 4.5-2|

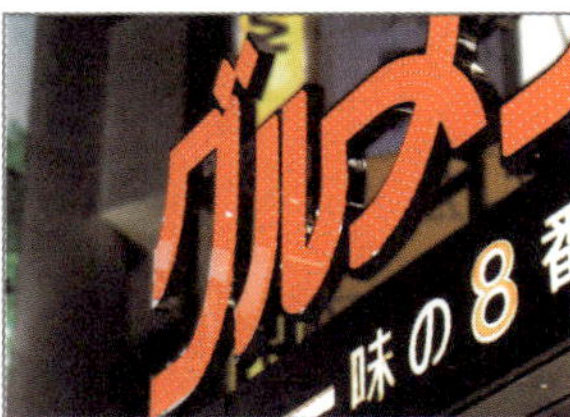

|그림 4.5-3|

(1) 금속 채널 타입

　금속 채널 문자의 내부에 LED 모듈을 삽입시키는 타입에는 문자표면(정면)을 발광시키는 타입(「그림 4.5-4」), 벽면을 비추어서 백 라이트 효과를

|그림 4.5-4|

|그림 4.5-5|

|그림 4.5-6|

노린 것(「그림 4.5-5」)이나 정면과 이면을 동시에 발광시키는 것(「그림 4.5-6」) 등이 있다.

채널 문자에 대한 응용은 문자 페이스에 몇 가지 색의 아크릴판을 사용하는가에 따라 내부에 삽입시키는 LED의 색이 결정된다. 일반적으로 빨간 아크릴판을 페이스에 사용하는 경우에는 적색 LED를 사용하고, 푸른 아크릴판을 페이스에 사용하는 경우에는 청색 LED를 사용한다. 아크릴과 LED의 선택을 잘못하면 LED광이 갖고 있는 파장특성 때문에 문자 발광의 밝기를 예상한 것처럼 얻을 수 없는 경우가 있다(「그림 4.5-7」, 「그림 4.5-8」 참조).

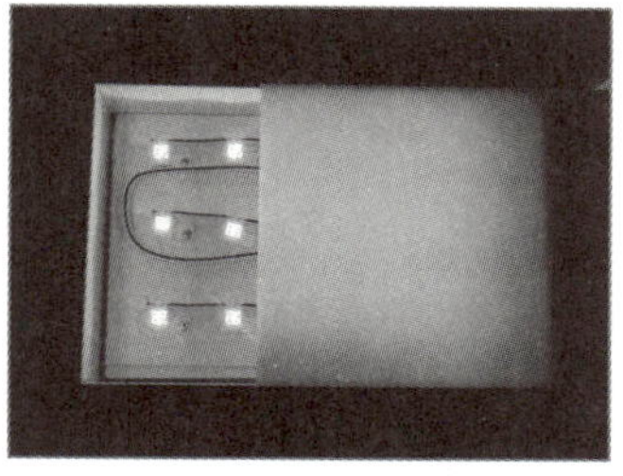

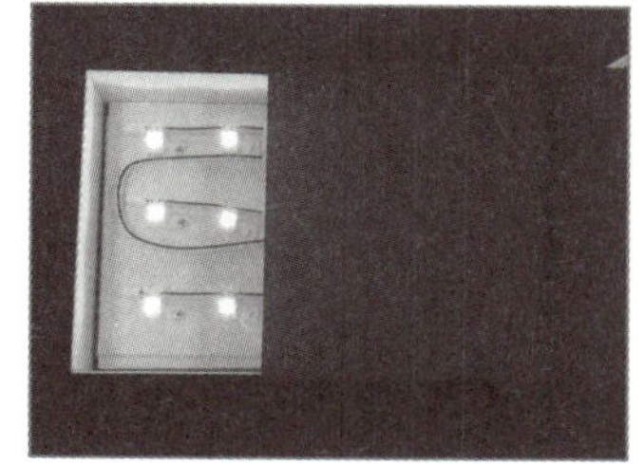

|그림 4.5-7| 청색 아크릴+청색 LED |그림 4.5-8| 적색 아크릴+청색 LED

특히 색 격차가 큰 백색 LED를 사용하는 경우에는 발광면에 얼룩이 생기는 경우가 있기 때문에 사용하는 LED를 한꺼번에 같이 생산된 것으로 하거나 함께 포장된 LED 모듈을 사용해서 사인 제작을 할 필요가 있다. 이 문제를 줄이기 위하여 LED 모듈 제조사에 따라서는 LED의 색온도나 밝기를 그룹으로 나누어 제품에 분류 코드(BIN 코드)를 기재하고 있는 제품(「그림 4.5-9」)도 있다.

|그림 4.5-9| 분류 코드가 기재된 LED 모듈 예

　일반적으로 고객의 요구는 정면발광 사인의 경우는 문자표면이 균일하게 발광하는 것, 또 백 라이트의 경우는 벽면에 LED의 스포트 광이 비치지 않게 하는 것을 들 수 있다. 정면발광의 경우에는 사용하는 LED 모듈의 광도(밝기)와 방사 각도, 사용하는 아크릴의 투과율이나 LED와 발광시키는 아크릴과의 거리를 감안할 필요가 있다(「그림 4.5-10」 참조). 각 모듈 제조사 및 LED 모듈의 종류에 따라서 각각 특성이 다르므로, 설계·제작 단계에 있어서 충분히 고려할 필요가 있다.

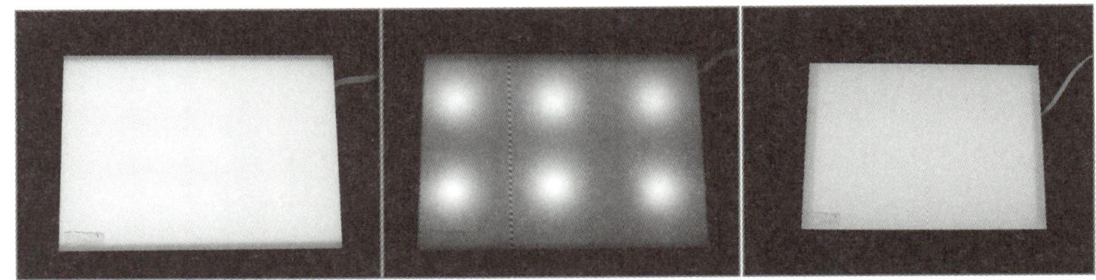

|그림 4.5-10| LED와 패널과의 거리의 차이에 의한 발광면의 보기

　이 외의 유의점으로서는 LED 모듈과 전원까지의 거리를 들 수 있다. LED는 기본적으로 DC(직류) 저전압으로 발광하기 때문에 DC 전원과 LED 모듈과의 거리가 떨어져 있는 경우, 전압 강하를 일으켜서 설계대로의 밝기를 얻을 수 없는 경우가 있다. 설계 시에 문자의 크기나 형상만이 아닌 부착 벽면이나 DC 전원을 설치하는 장소 및 그 거리와 배선의 방법까지도 고려할 필요가 있다.

(2) 절문자(切文字) 타입

　절문자 타입에 대해서는 LED를 삽입시킨 특수 수지에 확산재를 혼입해, 적절한 광확산을 얻을 수 있도록 하는 다양한 시도가 시행되고 있다. 문자

|그림 4.5-11| 절문자 타입의 사인 사례

두께가 불과 20 mm인 절문자가 균일하게 발광하는 LED 사인은 다양한 장면에서 사용되어, 대형 채널 문자와는 별도로 새로운 사인·디스플레이의 분야를 개척하고 있다(「그림 4.5-11」 참조).

4.5.2 컬러 디스플레이 분야

현재 옥외에 설치되는 풀 컬러 대형 영상표시기의 대부분은 발광소자에 LED를 사용한 것이다. 빛의 3원색인 적색·녹색·청색의 LED를 사용하고 있어, 종래의 브라운관 방식이나 백열등 방식, 방전관 방식 등과 비교하여 고휘도·저소비 전력·긴수명·뛰어난 색 재현성·경량·화면 및 화소 구성의 자유도가 높다는 등의 장점을 갖고 있다.

1990년대 중순 일본에서 처음으로 실용화된 풀 컬러 LED 디스플레이의 등장을 계기로 길거리에 많은 대형 영상 사인이 보급 되었다. LED에 의한 빛의 3원색의 재현이 가능하지 않았다면 번화가의 풍경은 지금과는 완전히 다른 모습을 하고 있었을 것이다. 그러한 의미에서 고휘도 청색 LED의 실용화는 화제거리일 뿐만 아니라 사회에 큰 임팩트를 주는 발명이었다고 말할 수 있다.

최근들어 풀 컬러 LED 디스플레이의 용도는 급속히 넓어지고 있는데, 주된 용도와 동향은 아래와 같다.

(1) 대형 시설(체육 시설, 공영 경기장 등에서의 정보 제공)

대형 시설은 표시 면적이 100 m², 200 m²를 넘는 대형 시스템이 도입되는 곳이 많아, 메인 마켓으로서 순조롭게 그 수와 면적을 늘리고 있다. 올림픽이나 월드컵 등의 이벤트에 의해 수요가 크게 좌우되지만, 현재도 성장 기조에 있고, 또 대체 수요도 확립되어 있다. 최근에는 대형화 경향이 한층 더 높아져, 700 m²를 넘는 초대형 디스플레이의 계획도 예정되어 있다. 물론 이것들이 실현되는 이면에는 풀 컬러 LED 디스플레이의 경량성이나 화면 구성의 자유도가 공헌하고 있다.

(2) 공공시설(자치체·관공청 등의 홍보)

공공시설 분야는 큰 증감도 없고 매우 견고한 시장의 하나라고 할 수 있다.

경찰서나 관공서 등의 홍보 보드에 이어 새롭게 하천의 재해정보 보드나 도로 관계의 교통정보 보드 등도 풀 컬러화되어 가는 경향이 있어 앞으로의 성장이 예상된다. 풀 컬러 LED 디스플레이의 고휘도와 긴 수명의 장점이 발휘되는 분야이다.

(3) 광고 사인 보드(빌딩 벽면 등을 사용한 광고 매체)

광고 사인 보드 분야도 대체로 옆걸음치는 추세이다. 역전 등의 좋은 입지 이면서 기존에 설치된 것과 경합하지 않는 위치가 적어지고 있어서 앞으로는 광고회사가 전면적으로 운영하는 형식만이 아닌, 설치 빌딩의 자사 광고도 방영하는 점포 사인 융합형이 증가할 전망이다. 10 mm 피치 옥외형 SMD 칩을 사용한 매우 정밀하고 고품질인 LED 디스플레이의 등장이 화제가 되고 있어, 앞으로도 하이비전 대응 등, 풀 컬러 LED 디스플레이의 색 재현성을 살린 효과가 높은 광고 매체로서 광고 사인 보드는 진화를 거듭하게 될 분야이다.

| 그림 4.5-12 | 광고 사인 보드 용도의 예(중앙)

(4) 점포 사인(점포, 시설의 세일즈 프로모션)

현재 수요의 성장이 가장 큰 것이 이 분야이다. 특히 오락(amusement) 분야에서는 신규 대형점포에서 이미 필수품으로 위치를 확보하고 있다. 원래 네온 사인에 대신하는 전광 장식 소재로서 LED 디스플레이의 저소비 전력의 장점이 주목받아 도입되었다는 역사가 있지만, 앞으로는 대형 복합 시설

이나 은행 증권, 쇼 룸, 방송국 등으로 크게 시장이 넓어질 것으로 예상된다
(「그림 4.5-13」).

|그림 4.5-13| 점포 사인의 예(라운드형)

(5) 이벤트(콘서트·전시회 등에서 사용하며 주로 렌탈)

각종 이벤트나 콘서트뿐 아니라 최근에는 전시회에서 사용이 눈에 띈다.
3 mm, 6 mm 피치 등 고정밀로 색 재현성이 높은 영상 표현을 실현할 수
있는 것, 자체발광으로 고휘도라는 장점으로부터 임팩트를 필요로 하는 소비
자의 요구에 딱 들어맞는 것, 경량이며 화면 구성의 자유도가 높기 때문에
부스 디자인의 일환으로써 도입하기 쉬운 것 등 LED 디스플레이만이 가능
한 장점을 살린 시장이다. 종래 주류를 이뤘던 후면 조사식의 멀티큐브에게
서 완전히 주역의 자리를 빼앗고 있다.

(6) 건축 장식(건축물의 연출 등)

가장 새롭고, 또 이후의 발전이 기대되는 분야이다. 해외의 고급 브랜드
등의 점포에서 외장이나 내장의 일부로써 건물에 융합하는 다양한 형상의 풀
컬러 LED 디스플레이가 도입되는 예가 증가하고 있다. 이른바 TV와 같은
4 대 3의 화면이 아닌, 긴 기둥 모양의 것, 처마 장식과 같은 띠 모양의 것
등 그림이 움직이는 건축 재료로서 LED 디스플레이의 자유도를 살린 참신
한 사용 예가 증가하고 있다. 종래의 영상 디스플레이나 조명의 용도가 아닌
새로운 분야로서 장소를 한정하지 않는 무한한 가능성을 가지고 있다고 할
수 있다(「그림 4.5-14」).

│그림 4.5-14│ 건축 장식용 풀 컬러 LED 디스플레이의 응용 예

오늘날에는 새로운 기술을 사용한 다양한 영상 디바이스가 등장하고 있지만, 옥외에서 낮에 사용할 수 있는 것으로써 이후 10년은 풀 컬러 LED 디스플레이를 초월할 만한 것은 출현하지 못할 것이라고 한다. 역, 길모퉁이, 이벤트나 TV 프로그램 중에서, 또한 교외의 오락실에서, 이제는 풀 컬러 LED 디스플레이가 눈에 띄지 않는 날이 없다. 유비쿼터스 네트워크 사회 속에서 모든 장소가 LED 디스플레이가 정보 발신처가 되는 다양한 커뮤니케이션이 생겨나고 있다. 이후, 정보 인터페이스로는 거기에 나타나는 콘텐츠의 역할이 매우 중요해지는 동시에 최대의 과제이기도 하다(「그림 4.5-15」).

│그림 4.5-15│ 풀 컬러 LED 패널 사례

＊일본제의 패널은 대부분의 제품이 1 패널당 16×16 도트로 구성되어 있다. 이 사양은 패널 1개당 한자 1글자를 표시할 수 있는 문자 정보용 LED 디스플레이에서 유래된다.

4.6.1 화상 처리용 조명

긴 수명·콤팩트라고 하는 장점이 있어 화상 처리용의 광원으로서 LED가 이용되는 경우가 증가하고 있지만, 최근의 LED 고출력화에 따라 고휘도 사양이 요구되는 용도에 있어서도 LED화가 진전하고 있다.

지금까지 광량을 필요로 하는 용도에는 할로겐 램프나 메탈 할라이드 램프, 크세논 램프 등의 광원으로부터 광 파이버를 이용한 라이트 가이드로, 도광·조사하는 방식이 사용되어 왔다. 그러나 광원의 수명이 짧고 램프의 교환 작업이 빈번하게 발생하거나 라이트 가이드의 처리가 곤란한 점 등 다양한 문제가 표면화되었다. 그러나 최근 들어서는 성능 향상이 현저한 고출력 LED를 사용하는 것으로 지금까지의 문제를 해결하고 종래의 LED 조명과 비교해 10배 이상의 고휘도를 달성함과 동시에 집광 렌즈와의 조합에 의해 고균일성도 확보한 화상 처리용 LED 스포트 조명이 상품화되고 있다.

「그림 4.6-1」의 고휘도 LED 스포트 조명은 조사 선단부를 제외하면 ϕ24 mm, 전체 길이 62 mm라는 콤팩트한 사이즈에 질량도 50 g으로 가볍다. 소비전력은

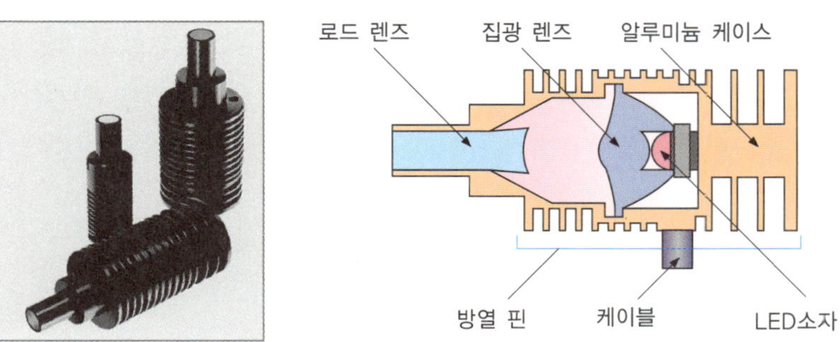

|그림 4.6-1| 화상처리용 고휘도 LED 스포트 조명

1.1~2.8 W라는 저소비전력인데다 발열도 적기 때문에 동축락사(同軸落射 : 간접조명) 부착 렌즈에 직접 장착해 사용하는 것이 가능하고 라이트 가이드가 불필요해졌다. 게다가 LED의 발광색(적·녹·청)은 단색광에 가까워 색수차의 영향이 적고 샤프한 화상을 얻을 수 있기 때문에 화상 처리에 있어서 안정된 최상 화상을 제공하는 것도 가능해졌다.

긴 수명인 LED를 채용하는 것으로 램프 유지보수의 대폭적인 절약을 실현할 수 있을 뿐만 아니라 다양한 형상이나 조사 구조를 비교적 손쉽게 제작·실현할 수 있는 것이, LED를 채용하는 큰 이점으로 여겨지고 있다. 이제 LED 조명은 화상 처리용의 조명으로서 다양한 분야에서 사용되며 제품 생산의 현장을 뒷받침하고 있다.

4.6.2 식물 육성용 조명

세계적인 식량 위기의 도래가 예측되는 가운데 야채나 곡물 등의 농작물을 효율적으로 생산하는 '농업의 공업화(식물 공장)'가 주목받고 있다.

고압 나트륨 램프나 형광등·메탈 할라이드 램프 등의 기존 광원을 이용한 식물 공장이 수십 개소가 존재하는데, LED는 여기에서도 차세대 광원으로서 주목받고 있다.

식물이 나고 자라는 데 필요한 빛의 파장은 주로 적색(640~680 nm)과 청색(450~480 nm)이며 광량이나 조사 시간을 조정하는 것으로써 식물의 생장 속도나 형상을 컨트롤할 수 있다고 알려져 있다. 최근에는 여기에 다른 파장의 빛을 균형 있게 가함으로써 함유 영양 성분도 컨트롤하고자 하는 시도를 하고 있다. 이는 LED가 가지는 단파장 특성을 살리는 것으로 실현 가능해진다.

최적 광환경 조건을 식물마다 다르게 특정하고 싶다는 시장의 목소리에 응하기 위해 광질의 밸런스나 조사 시간을 정밀하게 프로그램 관리할 수 있는 식물 육성 연구용 LED 조명 유닛이 실용화되고 있어, 실험 목적에 따른 광환경 만들기에 공헌하고 있다.

LED를 응용한 식물 육성에 관한 연구 성과는 이후 고부가가치 농작물을 안정적으로 생산할 수 있는 식물 공장 실현의 발판으로서 기대되고 있다(「그림 4.6-2」).

그림 4.6-2 식물 육성용 조명

 ## 프린트 헤드

프린터로 화상 등을 인쇄할 때에, 감광 드럼에 화상을 삽입하는 중요한 역할을 담당하고 있는 것이 프린트 헤드이다. 최근 소형·긴 수명이라는 장점을 지닌 LED를 이용한 프린트 헤드가 증가하고 있다.

LED 프린트 헤드의 구조는 「그림 4.6-3」에서 보듯 매우 심플하며 헤드의 부품은 LED 어레이, 드라이버 IC, 기판, 렌즈, 거기에 렌즈 홀더 등의 종합체로 되어 있다. 헤드 구조는 기판 위에 LED 어레이와 드라이버 IC를 내

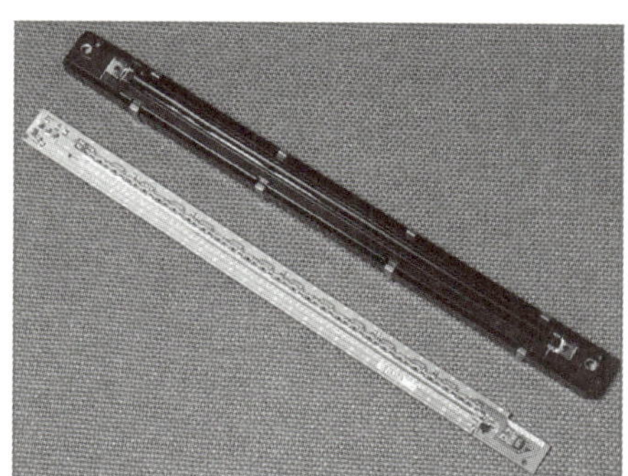

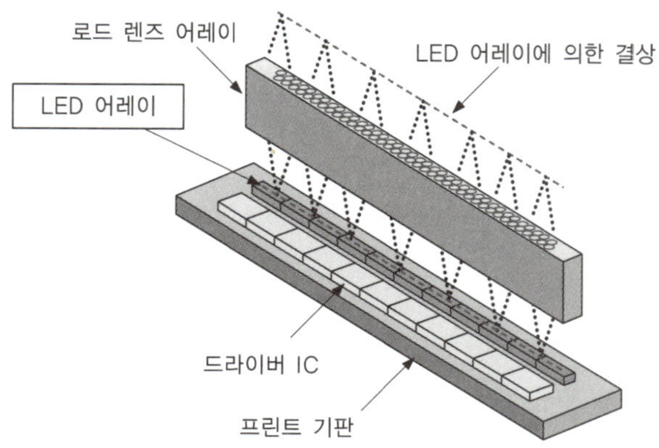

그림 4.6-3 LED 프린트 헤드 외관과 구조

장하고 그 LED 위에 렌즈를 배치한다. 이 렌즈에 의해 LED의 빛이 결상되어 광학 이미지·바(bar)로써 이용된다. 여기서 열쇠가 되는 것이 LED 어레이(LED의 집합체)이다. LED 어레이의 도트(dot) 밀도에 따라 인쇄의 해상도가 정해지고 LED 어레이의 광량에 따라 인쇄의 스피드가 정해진다.

4.6.4 컬러 LED 힐링 라이트(healing light)

적·녹·청의 3색 LED에 의한 색 변화를 즐기는 것으로, 치료 효과를 노린 상품이다.

「그림 4.6-4」는 방수 구조가 되어 있어서 욕실에서도 사용하는 것이 가능하다. 목욕하면서 LED의 빛의 변화로 하루의 피로를 달랠 수 있다.

「그림 4.6-5」는 LED의 광색 변화뿐만 아니라 아로마 오일과 조합시켜 사용하는 상품으로 거실이나 침실에서 희미한 향기와 온화한 빛이 평온한 시간을 연출한다.

|그림 4.6-4| 위안 라이트

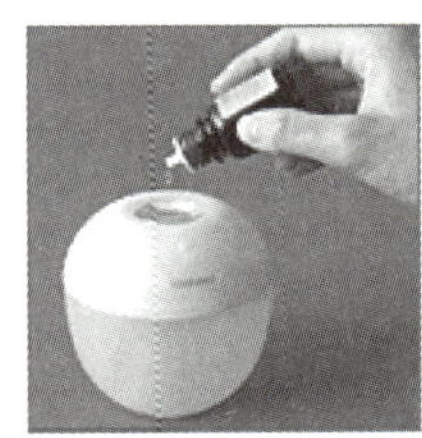

• 기구 상부의 트레이 부분에 몇 방울 떨어뜨린다.　• 스위치를 누르면 열로 따뜻하게 되고 향기가 퍼진다.

|그림 4.6-5| 컬러 LED 힐링 라이트

4.6.5 전원 장치

　LED는 점등 시의 전압이 수 볼트로 매우 작고, 또 한 방향으로밖에 전류를 흘리지 않기 때문에 점등시키기 위해서는 LED(모듈)에 적절한 소정의 전압을 가하기 위한 전원 장치가 필요하게 된다.

　LED용 전원 장치는 크게 나누어 정전압 타입과 정전류 타입의 2가지로 나누어진다.

　'정전압 타입'의 전원은 LED(모듈)를 점등시키기 위한 소정의 직류 전압을 공급하는 것으로, 일반적으로 채용되고 있지만 LED 모듈의 회로 구성에 따라서는 LED의 순방향 전압의 격차나 온도 특성에 의한 순방향 전압의 변화로 인해 LED의 순방향 전류가 변화하고 밝기가 변화해 버리는 문제점이 있다.

　한편 '정전류 타입'의 전원 장치는 LED에 흐르는 전류를 일정하게 제어하는 방식의 전원으로, LED의 직렬 접속 개수나 주위온도 변화에도 LED의 순방향 전류가 변화하는 일은 없다.

　최근 LED의 고출력화에 따라 LED에 투입하는 순방향 전류는 종래의 수십 mA 정도로부터 수백 mA 정도로까지 커지는 경향이 있다. 이러한 고출력 LED의 경우에는 전류치의 변화에 따라 밝기가 크게 변화하기 때문에 정전류 타입의 전원과 조합시키는 경우가 많은 듯하다.

　또한 정전압 타입의 전원과 정전류 회로를 설치한 LED 모듈을 조합한 예도 있어 적용에 요구되는 사양에 따라 최적의 전원방식이 선택되고 있다(「그림 4.6-6」).

|그림 4.6-6| LED 정전류전원의 예
(입력전압 AC 100 V, 출력전류 300 mA(정전류), LED 1~8개의 범위에서
임의로 점등 가능(직렬접속), (V_f=3.0 V의 경우).

4.6.6 오징어잡이 어업 분야(일본의 경우)

연안 오징어잡이 어업(30톤 미만)에 의한 어업 생산량은 일본 연안 어업의 약 10 %를 차지, 국민의 귀중한 단백질 공급원으로서의 역할을 다해 왔다. 그러나 최근 연안 오징어잡이 어업은 해외로부터 수입되고 있는 오징어류와의 경합 등에 의해 가격이 침체해 경영상의 어려움을 피할 수 없게 되었다. 한편, 최근의 광 일렉트로닉스 기술 발전에 따라 개발된 청색계 발광 다이오드(LED)의 피크 발광 파장(450~500 nm)은 바다 속에서의 광력 감쇠가 적고, 또 오징어류의 시감도의 최대치 부근(470~490 nm)과 거의 일치하고 있기 때문에 집어등 광원으로서 매우 뛰어난 특성을 가지고 있다.

이 청색 LED를 사용한 집어등은 그 외에도 다음과 같은 수많은 장점을 갖추고 있다.

【장점】

① 소비 전력이 지극히 적고, 대폭적인 연료의 절감 효과가 기대되어 오징어잡이 어업 경영체의 경영 개선, CO_2 배출 삭감을 가져온다.

② 수명이 10년 이상으로 길고(메탈 할라이드등은 약 2년), 더구나 유리 봉지 구조의 종래 광원에 비해 LED 패키지가 기계적 강도에도 뛰어나 열악한 선상에서의 사용에도 견딜 수 있다.

③ 지향성이 강하고 광속의 9할 이상을 수중에 조사할 수 있다(점광원인 메탈 할라이드등에서는 약 8할이 공중에 손실).

④ 메탈 할라이드등의 제어에 이용하는 안정기나 대출력의 보조 발전기가 불필요해지므로 대폭적인 설비비 삭감이나 배 안의 공간 증가 등이 기대된다.

⑤ 자외선 방사에 의한 어업자의 건강에 해로운 영향이나 광해(光害)에 의해 환경에 끼치는 영향이 없다.

|그림 4.6-7| 청색 LED 집어등을 탑재한 어선에 의한 해상 오징어잡이 시험 조업

(사진 : 다카기망업)

이와 같이 LED 집어등은 저전력 고효율의 오징어잡이용 집어등으로서 각광을 받고 있다. 오징어잡이 이외에도, 현재 메탈 할라이드 집어등이 사용되고 있는 꽁치잡이나 감아올리는 그물 고기잡이에서도 LED 집어등의 이용이 기대되고 있다. 그 외 어패류의 양식에 응용되는 등, 수산업에 있어서도 LED 응용의 장래성이 주목받고 있다(「그림 4.6-7」).

MEMO

05

자료

이 장에서는 LED 용어, LED 조명 기술과 LED 조명 추진 협의회의
주요 활동을 소개한다. LED 조명에 관계되는 용어의 해설에서부터
LED 조명을 보급하기 위한 활동, LED 조명 관련 기업의 제품·기술
등의 자료를 실었다.

5.1 용어 해설

용어	해설
II-VI족 화합물 반도체	II족 원소인 Zn, Cd 등의 원자와 VI족 원소인 S, Se 등의 원자로부터 구성된 화합물의 반도체.
AC-DC 컨버터	교류(AC : Alternating Current)에서 직류(DC : Direct Current)로 변환하는 스위칭 전원.
ANSI	American National Standards Institute, 미국규격. 미국규격협회.
BS	British Standard, 영국규격. British Standards Institution (영국규격협회).
CIE	국제조명위원회의 약칭. 프랑스어명인 Commission Internationale de l'Eclairage의 약어.
CO_2	이산화탄소. 지구 온난화 방지책으로서 CO_2의 삭감이 바람직함.
DC-DC 컨버터	직류(DC)에서 다른 전압의 직류(DC)로 변환하는 스위칭 전원.
DIN	Deutsche Industrie Normen, 독일공업규격. 독일규격협회(Deusches Institute for Normung)가 발행.
EIAJ(현 JEITA)	전자정보기술산업협회. Japan Electronics and Information Technology Industries Association. 구EIAJ(일본전자기계공업회. Electronic Industries Association of Japan)와 구 JEIDA(일본전자공업진흥협회. Japanese Electronic Industry Development Association)가 2000년 11월에 합병해 JEITA가 됨.
EMI(전자기 방해)	EMI(Electro Magnetic Interference : 전자기 방해)란 통신기기나 전자기기로부터 방사되는 전자파가 다른 전자기기의 동작에 영향을 미치는 현상.
EN	Europe Norm. European Standard, 유럽 규격.
ESD(정전기 방전)	Electrostatic Discharge. 대전, 즉 정전기를 가진 물체로부터 다른 전위의 물체에 전하가 단시간에 흐르는 현상. 특히 반도체나 LED에 흐르는 경우가 문제가 됨.

용어	해설
GOST R	러시아 연방국가규격기관. GOSSTANDART of RUSSIA.
HID 램프	High Intensity Discharge Lamp. 고휘도 방전 램프라고도 불림. 금속 증기 중의 방전에 의해서 발광하는 램프로 고광속, 고효율, 긴 수명 등의 장점이 있음.
IEC	국제전기표준회의의 약칭. International Electrotechnical Commission.
ISO 규격	국제표준화기구(International Organization for Standardization. 공업표준의 책정을 목적으로 하는 국제기구로, 각국의 표준화기관의 연합체)가 정한 규격.
JEITA(구 EIAJ)	전자정보기술산업협회. Japan Electronics and Information Technology Industries Association. 구 EIAJ(일본전자기계공업회. Electronics Industries Association of Japan)와 구 JEIDA(일본전자공업진흥협회. Japanese Electronic Industry Development Association)가 2000년 11월에 합병해 JEITA가 됨.
JEL 규격	일본전구공업회 규격. Japan Electric Lamp Manufacturers Association.
JIL 규격	일본조명기구공업회 규격. Japan Luminaires Association.
JIS 규격	일본공업규격. Japan Industrial Standard. 공업표준화법에 근거하고, 모든 공업제품에 대해 정해져 있는 일본의 국가규격.
LD	반도체 결정 내부에서 빛의 유도 방출을 실현해, 균일한 (coherent) 빛을 외부에 방출하는 디바이스. 레이저 다이오드(Laser Diode). 반도체 레이저.
LED	발광 다이오드. Light Emitting Diode.
LED 패키지	LED칩, 본딩 와이어 리플렉터 등을 수지로 봉입해, 리드(전극)가 나타난 것. 포탄형이나 표면실장형 등의 형태가 있음.
MIL 규격	미군용규격. Military Specifications and Standards.
MQW(다중양자우물)	단일 양자우물이 복수 반복하는 구조. 양자우물이라는 것은 옹스트롬으로부터 나노미터 단위의 포텐셜의 우물 구조를 가리키그, 양자우물 근방에서 전자는 양자효과를 발현함. Multiple Quantum Well
NEMA 규격	미국전기제조업자협회(National Electrical Manufactures Association)가 정한 규격.

용어	해설
NF 규격	프랑스 규격협회(Association Francaise de Normalisation)에 의해 제정된 규격.
PL법	제조물책임법의 약칭. Product Liability.
pn접합	p형 반도체와 n형 반도체를 접합시킨 부위, 또는 접합시키는 것을 가리킴. pn접합 형성을 통해 정류 작용, 발광 작용을 일으키고, 세상에 유익한 장치를 제공.
TIP 구조	역피라미드형 칩 구조, Truncated Inversed Pyramid. LED칩의 측면을 역피라미드형에 에칭하는 것으로 칩 내부로부터 칩 외부에의 빛을 꺼내어 효율을 향상시키는 기술.
UL	미국 화재보험협회(Underwriters Laboratories)가 정한 안전규격.
UNI	이탈리아 규격협회(Ente Nazionale Italiano di Unificazione. Unificazione Italiano)에 의해 제정된 규격.
YAG 형광체	이트륨(Yttrium)·알루미늄(Aluminum)·가넷(Garnet)으로 구성되는 형광체 재료. Ce를 부활제로 한 경우에는 460 nm의 빛을 입사시키는 것으로 550 nm의 빛이 여기됨.
가시광선(可視光線)	인간이 육안으로 느낄 수 있는 광선. 파장이 380~780 nm 정도이고 태양광선이나 전기의 빛 등이 이것에 포함되며, 파장의 길고 짧음에 따라 적색에서 청자색까지 색의 느끼는 방법이 다름.
간접천이(間接遷移)	반도체의 밴드 갭 간의 에너지 천이 가운데, 전도체(도전대)에서 에너지가 낮아지는 상태와 가전자대로 에너지가 정상이 되는 상태에서의 운동량이 다르기 때문에 포논(phonon : 격자의 열진동)이 개재(介在)하지 않으면 빛을 발할 수 없는 천이를 말함.
고시(告示)	공공 기관이 결정 사항을 일반에 알린 법령.
고조파(高調波)	어느 주파수 성분(상용 전원의 경우, 50 또는 60 Hz)의 파동에 대해 그 정수배 고차의 주파수 성분의 것. 콘덴서 등에 의해 입력 전류 파형이 사인파로부터 일그러질수록 고조파 성분을 많이 포함하고 있음.
광도(光度)	어느 방향에의 단위 입체각 당의 광속. 단위는 cd(칸델라).
광속(光束)	방사속을 표준 분광시감효율과 최대 시감효과도로 평가한 양. 단위는 lm(루멘).
굴절률(屈節率)	다른 매질 중에 빛이 입사하거나 출사할 때 그 경계면에서 진행 방향이 바뀌는 현상을 굴절이라고 하며, 그 굴절의 정도를 나타내는 수치.

용어	해설
규정(規程)	일정한 목적을 위해서 정한 일련의 조항의 총체.
규칙(規則)	지방공공단체의 장이 발하는 명령.
글레어(glare, 눈부심)	눈이 보고 있는 것의 밝기에 비해 너무 강한 휘도가 시야 안에 들어가면 잘 안보이거나 불쾌한 느낌을 받는데, 이러한 현상을 말함. 눈부심.
기대수명(期待壽命)	어느 일정 조건하에서 기기를 동작시켰을 때의 수명을 산출식 등에 의해 예측한 수명.
기상(氣相) 성장법	원료를 기체로서 공급하는 결정성장 방법.
내전압(耐電壓)	반도체 혹은 LED 등에 정전기 방전이 일어났을 경우 고장나지 않는 범위의 전위차. LED의 경우는 200~2,000 V 정도.
다이내믹 점등	LED에 비교적 큰 전류를 주기적으로 흘려 발광시키는 점등 방식.
단결정(單結晶)	결정을 구성하는 원소는 기하학적으로 정연하게 나열된 구조임. 단결정이란 모든 영역에서 정연하게 원소가 나열된 것을 말함. 대표적인 단결정은 보석용의 다이아몬드. 단, 다결정의 하나를 단결정이라고 하는 경우로부터 실리콘 잉곳과 같은 거대 단결정까지 적용되지만, 이 책 속에서 취급하는 단결정이란 결정 성장에 이용하는 기판과 그 기판 위에 성장한 LED 동작층의 범위를 가리킴.
대전(帶電)	물체의 정부 전하가 불균형이 되는 것, 즉 정전기를 띠는 것. 두 개의 물체가 접촉하거나 문지를 때, 혹은 유도에 의해 일어나는 경우도 있음.
더블 헤테로 구조	다른 물질이 접합한 경계면(헤테로 경계면)이 2개소 존재하는 구조. pn 접합 경계면의 사이에, 또는 밴드 갭이 작은 활성층을 좁히는 구조가 발광 효율을 높인다는 것이 판명되어 이러한 더블 헤테로 구조가 갑자기 주목받았음.
듀티(duty) 제어	LED를 고속으로 점멸시켜 외견상의 밝기를 조정하는 제어 방법.
드라이 에칭(dry etching)	장치 체임버 내에서 플라즈마(방전)를 발생시켜, 불필요한 개소를 없애는 수법.
딜레이팅 커브(deleting curve)	LED가 노출되는 주위온도에 대해서 사용 가능한 전류의 특성.
리프트 오프(lift off)	에칭 불가능한 박막의 패터닝에는 리프트 오프 가공이 행해짐. 리프트 오프 가공이란 목표로 삼은 패턴의 역패턴을 기판상에 금속·포토레지스트(photoresist) 등으로 구성하여 목표 박막을 증착한 후, 사용하지 않는 부분을 금속·포토레지스트와 함께 제거해 목표 패턴을 남기는 방법.

용어	해설
리플렉터(reflector)	광선을 제어하기 위한 반사판.
명령(命令)	법령 중 국가나 지방 공공단체(도, 시읍면)의 행정 기관에 의해서 제정된 법령.
반치전각(半値全角)	광도가 광원의 중심축상의 값의 반이 될 때 각도의 2배(전각).
발광 강도(發光强度)	방사 에너지를 시감도 보정한 것.
발광 스펙트럼	빛을 프리즘이나 회절 격자 등의 분광기를 이용하여 분광해 얻어지는 파장 순서에 따라 늘어놓은 것을 발광 스펙트럼이라고 함. 발광물의 분광된 파장과 빛의 강도(상대강도)를 나타낸 그래프로 발광 스펙트럼을 나타냄.
발광 효율(發光效率)	광원이 발하는 전광속(全光束)을 그 광원의 소비전력으로 나눈 값. 소비전력 1 W당의 광속치[1m(루멘)]를 나타냄.
버(burr)	공구, 금형의 마모, 가공기의 설정 부적합에 의해 제품의 일부에 생긴 여분의 두께나 얇은 재료 부분.
벌크(bulk) 결정성장	고순도의 단결정의 덩어리를 제조하는 것. 반도체 디바이스에서 고순도의 단결정 기판을 사용하는 것은 필수이며, 벌크 결정성장기술은 핵심 기술의 하나.
법률(法律)	국회에서 제정된 법령.
색도(色度)	명도를 제외한 빛의 색, 색상과 채도를 수량적으로 표시한 것.
색온도(色溫度)	광원의 색도를 그것과 동등한 색도의 발광을 하는 흑체 방사의 온도로 나타낸 것.
샤프 에지(sharp edge)	기구를 구성하는 부품 및 외곽의 '예리한 테두리'를 의미. 특히 금속가공상의 발리, 프레스 빼기 방향으로 인해 예리한 가장자리에 전선 등의 피복이 파손되는 경우 등에 대한 배려, 그리고 사용자가 통상의 사용상태로 접한다는 가정하에 모든 부위를 샤프 에지 테스터로 체크해야 함(UL-1439 CSA950 외 전반).
서지 전압	낙뢰나 아크 접지 등에 의해 통신선이나 전력선에 유기되는 이상 전압과 같이 단시간에 급격하게 상승하는 비주기적인 과도 전압.
선팽창계수(線膨脹係數)	1℃당의 재료의 신축의 길이를 가리키는 값.
성령(=부령)	각부 장관이 제정한 법령(내각부령을 포함).
리스트(손목) 스트랩	정전기 방전 대책으로 어스시켜 전하를 없앰. 즉, 전위를 0 V로 하기 위해 손목에 도체의 띠를 감고 리드선 1 MΩ 정도의 저항으로 접지하는 것. 정전기 대책의 가장 유효한 것 중 하나.

용어	해설
수명(壽命)	광원의 광도가 초기수치보다 어느 일정의 비율로 감쇠할 때까지의 동작시간.
수소화물(수소화합물)	비금속재료와 수소(H)가 결합한 화합물. 암모니아(NH_3), 포스핀(PH_3), 아르진(AsH_3)은 수소화물.
순전류(順電流)	LED가 발광하는 방향(애노드에서 캐소드)에 흐르는 전류.
순전압(順電壓)	LED의 순방향에 전류를 흘렸을 때 LED의 양단에 발생하는 전압.
스위칭(switching) 전원	입력된 전압을 반도체 소자에 의해 고주파로 스위칭하고 변압기를 통해 전압을 변환하여 정류·평활해서 직류전압을 얻는 전원.
스태틱 점등	LED에 비교적 작은 전류를 연속적으로 흘려 발광되는 점등 방식.
스파크(spark)	이극(異極) 전극 간의 전압. 간극(間隙)의 상태에 의해 전극 간에 일어나는 불꽃 방전.
안전저전압	인체에 위험이 되지 않는 정도의 전압. 이 기준은 나라에 따라서 다르고, 일본의 경우 보통의 피부 상태에서는 50 V 이하, 현저하게 젖은 상태에서는 25 V 이하, 대부분이 수중에 있는 경우는 2.5 V 이하.
액상성장법	원료를 용액 또는 융액 등의 액체로서 공급하는 결정성장 방법.
어스(earth)	지면의 전위와 동전위가 되도록 지면과 도체로 접속하는 것, 혹은 접속된 상태, 혹은 접속한 물체. 통상과 달리 정전기 대책에서는 많은 경우 1 MΩ 레벨의 저항을 개입시켜 접속해야 한다. 이것은 한번에 어스로 전류를 흘려 파괴가 일어나는 것을 막는 의미가 있음. 작업대·의자 인체·마루 등의 어스가 정전 대책으로서 유효.
에너지 변환율	방사속(束)을 입력 전력으로 나눈 값.
에피택시얼 결정성장	단결정 기판 위에 결정성장하는 LED 동작층(반도체 단결정층)은 단결정 기판의 원자배열을 이어받아 결정성장함. 이러한 결정성장을 에피택시얼 결정성장이라고 하며, 이 단결정 성장층을 에피택시얼 결정성장층이라고 함.
역내압(逆耐壓)	LED의 순방향과는 반대의 방향으로 전압이 인가되었을 때 LED가 견딜 수 있는 전압.
역률(力率)	교류 회로의 전력에 있어서, 피상 전력에 대한 유효 전력의 비율. 역률이 1.0(=100[%])에 가까울수록 전력의 이용효율이 높다고 말할 수 있음.
연색성(演色性)	물체의 색은 조명 빛에 따라 보임이 다름. 이것을 연색성(演色性)이라고 함.

용어	해설
열관류율(熱貫流率)	물질의 재료, 두께, 표면의 상태, 부재가 접하는 공기의 유동 상태에 의해서 정해지는 계수로서, 값이 작을수록 열이 통과하기 어렵고 단열성능이 좋아짐.
열손실(熱損失)	입력 에너지가 열로 되어서 없어지는 것.
열저항(熱抵抗)	열이 전해지기 어려움을 나타내는 계수로서, 수치가 높을수록 열저항이 크고 방열성이 나빠짐.
열전도율(熱傳導率)	물질 고유의 수치로서, 열이동이 일어나기 쉬움을 나타내는 계수.
염화물(염소화합물)	금속재료와 염소(Cl)가 결합한 화합물을 가리킴. 염화갈륨(GaCl), 염화알루미늄(AlCl), 염화인듐(InCl)은 염화물.
오사용(誤使用)	지정된 기기의 사용 목적에 반한 사용.
와이드 갭 반도체	반도체 재료 중 밴드 갭 에너지가 2.5 eV 이상인 재료. 대응하는 발광파장이 단파장 영역에 대응.
외곽(外廓)	개방형 이외의 보호구조를 가진 전기기구 등에 있어서 내부부품 보호를 위한 외피.
외부 양자효율	LED에 주입된 전자수에 대해 포톤으로서 결정 외부에 발광한 포톤 수의 비율
유기금속 화합물(有機金屬化合物)	금속재료를 메틸기(CH_3-), 에틸기(CH_3CH_2-) 등의 유기물과 결합한 화합물을 가리킴. 트리메틸갈륨($Ga(CH_3)_3$), 트리메틸알루미늄($Al(CH_3)3$), 트리메틸인듐($In(CH_3)_3$)은 유기금속 화합물.
응답성(應答性)	광원에 전력을 인가했을 때의 발광의 시간적 추종성.
자연 공냉(自然空冷)	자유공간에 설치했을 때 복사와 공기의 대류에 의한 방열을 기대하는 방법. 팬(fan) 등을 이용하여 강제적으로 대류, 냉각했을 경우는 이 제한은 없음.
장수명(長壽命)	백열구·형광등과 같이 필라멘트가 단선되어 수명이 끝나는 것이 거의 없고, 광속(光束) 열화는 있지만 40,000시간 이상의 수명을 실현하는 것이 가능.
저온 버퍼층	기판상에 격자 정수가 크게 다른 고품질의 박막을 성장시키기 위해 비정질성의 얇은 중간층을 기판상에 저온으로 성장시키는 방법. 청색 LED 개발로 사파이어나 기판상에의 AlN, GaN 버퍼층이 있음.
적외선(赤外線)	태양 스펙트럼의 적색부의 외측에 있어서 눈에 보이지 않는 광선. 파장은 약 780 nm에서 1 mm 정도로 열작용이 크고 투과력도 강하기 때문에 의료나 적외선 사진 등에 이용. 열선.

용어	해설
전광속(全光束)	광원으로부터 발하는 광속을 모든 각도에 대해 적분한 것.
전자파(電磁波)	전기가 흐르면 거기에 전계와 자계가 생기고 이 두 개가 조합되어 파동으로써 전해지는 것이 전자파가 됨.
접합부 온도(接合部溫度)	반도체의 pn접합부의 온도를 접합부(junction) 온도라고 부름. 반적으로 동작 중에 초과해서는 안 되는 온도 상한치로서 데이터 시트에 기재되어 있음.
정령(政令)	내각이 제정한 법령.
정상 사용(正常使用)	취급 설명서에 따라서, 또는 분명하게 의도된 목적 내에서 기기를 사용하거나 조작하는 것, 또 비사용 시에 이동 및 보관을 하는 것.
정전기(靜電氣)	그 변화가 줄열의 발생이나 자기 작용이 일어나지 않는 정도로 작은 경우의 전하 분포를 말하지만, 특히 정전기 대책에서는 물체의 정부 전하의 불균형에 의한 과잉 전하 상태, 즉, 전위가 0 V가 아닌 경우의 그 전하 혹은 상태를 말함.
정전 내압(精電耐壓)	LED에 정전기가 인가된 때 LED가 견딜 수 있는 정전기의 전압.
정전류 점등(定電流點燈)	LED 점등 회로의 전류를 일정하게 하는 점등 방식.
정전압 점등(定電壓點燈)	LED 점등 회로의 전압을 일정하게 하는 점등 방식.
정전류 회로(定電流回路)	항상 일정한 전류를 출력하도록 동작하는 회로. 출력 전류를 저항 등에서 검출한 후 피드백을 걸어, 출력 전류가 일정하도록 제어.
조례(條例)	지방공공단체의 의회의 결의를 거쳐 제정한 법령.
주파수(周波數)	공간에 전달되는 파(파동)의 1초 동안의 진동수. 주파수와 파장의 관계는 다음 식과 같음. $$\lambda = 3 \times 10^8 / f$$ 여기서, λ : 파장(m), f : 주파수(Hz)
지향성(指向性)	광원의 중심축으로부터의 각도 어긋남에 대한 광도의 변화.
지향 특성(指向特性)	광원에서 발하는 빛의 강도를 방사 각도와 상대 조도의 관계로 나타낸 것.
직접 천이(直接遷移)	반도체의 밴드 갭 간의 에너지 천이 가운데, 전도체(도전대)에서 에너지가 바닥이 되는 상태와 가전자대에서 에너지가 정상이 되는 상태에서의 운동량이 같고, 포논(격자의 열진동)을 개재하지 않고 효율적으로 빛을 발하는 천이.
축상의 발광 강도(광도) 축상의 광도	포탄형 램프 등에서 램프 형상의 중심축에서 측정한 광도.

용어	해설
충전부(充電部)	접지측과의 사이에 전기 에너지가 축적될 수 있는 전극부(전기회로 등에서 접지측과 절연된 이극전압 부분).
코히런트 성장 왜곡 MQW 활성층	MQW 구조 가운데, 격자정합하지 않는 조합을 일부러 선택해 층에 왜곡을 주는 것으로 발광 효율 등을 증대시키는 기술. 왜곡에 견디지 못하고 결정 중에 결함이 들어가면 의미가 없어짐.
통달(通達)	행정관청이 소관의 제기관, 지방공공단체에 대해 있는 사항을 통지한 법령.
투과율(透過率)	가시광선 투과율로, 렌즈를 투과하는 가시광의 비율.
파장(波長)	파동으로서의 성질에 있어 빛의 공간 1주기의 길이. 공간을 전하는 파동의 1주기의 길이.
패드(pad) 전극	전기를 통하기 위한 와이어를 부딪히는 개소를 패드 전극이라고 함.
평균연색평가수 (平均演色評價數)	시험색을 기준광과 시험광으로 조사해 보이는 방식(어떤 색으로 보일까)의 차이를 수치로 나타낸 것이 연색평가수. 주변에 있는 물체색의 색 차이 평가에 이용하는 8종류의 시험색에 대한 연색평가수를 평균한 것을 평균연색평가수라고 함.
포토 리소스(photo resource)	패턴을 복사하는 형상 성형 기술.
피상전력(皮相電力)	교류 회로의 전력에 있어서 전류의 실효값과 전압의 실효값을 곱한 전력. 유효 전력과 무효 전력의 벡터합. 단위는 [VA].
형광체(螢光體)	어느 특정 파장의 전자파(가시광선·자외선·X선·전자선 등)를 조사하는 것으로써 다른 파장의 가시광선을 일으키는 물질.
환경에 관련되는 법규	대기·수질·토지·천연자원·식물·동물·사람 및 그러한 종합관계를 포함하는 조직의 활동을 규제하는 것에 관한 권리나 의무.
환경에 부하를 주다	대기·수질·토지·천연자원·식물·동물·사람 및 그러한 종합관계를 포함하는 조직의 활동을 규제하는 것의 임무.

일본 LED 조명기술 및 추진협의회의 활동

　LED는 일본이 세계에 앞서 개발한 오리지널 기술이며, 조명 기술을 근본적으로 바꾼 혁신적인 기술이다. 그런데, LED가 가지는 특징에 착안하여 각 국에서 다양한 분야에의 도입에 힘을 쏟아 그 보급에 적극적인 대처를 보이고 있으므로 LED와 관계되는 국제적인 경쟁이 더욱 심해질 것으로 예상된다.

　이러한 상황하에서, LED에 관계되는 기술개발과 함께 LED를 활용한 조명 및 표시용에서 뛰어난 특성을 인식하고, 보급하기 위한 활동에 힘입어, 산업계의 뜻을 중심으로 하는 'LED 조명추진협의회'의 설립이 제창되어 2004년 6월에 설립되었다. 회원 기업 수는 당초의 32사에서 77사(2006년 6월 현재)로 2배 이상 증가했다.

　협의회의 주요 활동은, ① LED 관련 기업의 제품·기술 소개, 데이터베이스 구축, 심포지엄 등 홍보 활동, ② LED 보급 전략·기술 로드 맵의 책정, 관계 단체와 협력한 표준화 추진 활동, ③ 회원 대상 스터디 그룹 개최, 관계 부처에의 독려 등이다.

　보급 홍보와 관련해서는 연 3회의 회원 연수회가 정착되었고, 또 매년 11월 국내외 각 분야의 우수한 강사를 불러 LED의 새로운 이용 확대 등을 테마로 한 심포지엄을 개최하고 있다. 뿐만 아니라 2005년 아이치 박람회에서는 조명 디자이너인 이시이 아츠코(石井幹子)씨의 프로듀스로 '광미래전'을 개최, LED를 중심으로 일본의 선진 광기술을 소개하고, 2006년 3월 재팬숍에서는 일본경제신문, 가시광 통신 컨소시엄과 공동으로, 첫 LED 종합전의 기획 전시를 개최하여 많은 참석자를 동원했다. 표준화 추진 활동을 살펴보면 LED의 기술 로드 맵의 작성, 표준화 동향의 조사 등이 전개되었다. 2005년도부터 시작한 LED 핸드북의 작성은 70명의 기술자 집단이 분야별로 편성되어 약 1년에 걸쳐 작성한 실무에 적합한 지혜의 결정으로 완성, 이번에 출판으로 이어졌다.

　현재, 환경성·경제산업성 등은 LED에 의한 에너지 절약, 지구 환경 대책에

몰두하여 기술개발, 세제(税制) 등의 정책을 전개하고 있다. 이 협의회는 관계
부처와도 제휴하면서, 일본이 LED 기술로 계속해서 세계를 리드함과 동시에
사회의 많은 분야에서 LED가 활용되도록 향후 대처를 전개해갈 것이다.

■ 일본 LED조명추진협의회(http://www.led.or.jp/)

전무이사 사무국장   코지마 아키라(小島 彰)

부회장 기업	총 5개사
• 산유렉 주식회사 • 샤프 주식회사 • 도시바라이테크 주식회사	• 도요타합성 주식회사 • 마쓰시타전공 주식회사

이사회원 기업	총 16개사
• 이와사키전기 주식회사 • 우시오라이팅 주식회사 • NEC 라이팅 주식회사 • 오스람·멜코 주식회사 • 교세라 주식회사 • 고이즈미조명 주식회사 • 고이토공업 주식회사 • 시티즌전자 주식회사	• 쇼와전공 주식회사 • 스탠리전기 주식회사 • 세이와전기 주식회사 • 다이코전기 주식회사 • 도와 광업 주식회사 • 파나소닉반도체옵토디바이스 주식회사 • 미쓰비시전기조명 주식회사 • 미쓰비시전선공업 주식회사

일반회원 기업	총 56개사
• IDEC옵토디바이스 주식회사 • 아픽야마다 주식회사 • 주식회사 이나바전기제작소 • 주식회사 에이치알디 • 주식회사 엔도조명 • 주식회사 엠프레스 • 주식회사 오키디지털이미징 • 오츠카전자 주식회사 • 오데릭 주식회사 • 주식회사 옵토·시스템 • 옴론 주식회사 • 카가전자 주식회사 • 컬러키네틱스·재팬 주식회사 • 주식회사 쿄신전기제작소 • 주식회사 그렉스 • 주식회사 코와 • 주식회사 콘텐츠 • 산켄전기 주식회사 • 주식회사 지에스·유아사라이팅 • 시시에스 주식회사 • 주식회사 시바사키 • 신고전재 주식회사 • 스미토모화학 주식회사 • 주식회사 스미토모금속 일렉트로디바이스 • 스미토모금속광산 주식회사 • 스미토모전기공업 주식회사 • 세이부전기공업 주식회사 • 주식회사 다이칸	• 다이도흥업 주식회사 • 다카쓰키전기공업 주식회사 • 테크다이아 주식회사 • 주식회사 테크노로그 • 덴키화학공업 주식회사 • 주식회사 도시바 • 도시바마테리얼 주식회사 • 주식회사 도쿠야마 • 돗토리산요전기 주식회사 • 나이트라이드·세미컨덕터 주식회사 • 나미키정밀보석 주식회사 • 일본컴시스 주식회사 • 네모토특수화학 주식회사 • 하마이전구공업 주식회사 • 히타치전선 주식회사 • 주식회사 필립스일렉트로닉스재팬 • 프린스전기 주식회사 • 후루카와전기공업 주식회사 • 맥스레이 주식회사 • 주식회사 MARUWA SHOMEI • 미쓰이화학 주식회사 • 미쓰이물산 주식회사 • 미쓰비시화학 주식회사 • 모리야마산업 주식회사 • 재단법인 야마구치산업진흥재단 • 야마다조명 주식회사 • 요시카와화성 주식회사 • 롬 주식회사

(2006년 6월 현재)

일본 주요 기업의 기술/제품정보

---

http://www.sanyu-rec.jp/

기술/제품정보　산유렉(サンコレック)(株)

제품명/기술명　LED용 봉지제, 특수인쇄 봉지 장치

개요·특징　산유렉(주)는 LED용 절연성 봉지제·접착제로서 NL 시리즈를 준비하고 있다. COB용 봉지제·SMD용 주형제(포팅제)·포탄 램프용 주형제·절연성 다이 본더 등, LED 패키지 관련 재료를 갖추고 있다. 제품군으로서는 에폭시 수지가 메인이지만, 최근 고휘도 LED·백색 LED·파워 LED에 필요한 내열성·내광성을 향상시킨 신재료로서 하이브리드 수지, 특수 실리콘 수지도 등장했다.
그 외에 독자적인 수지 개발도 진행하고 있다. 또 VPES(Vacuum Printing Encapsulation Systems)라고 하는 특수 진공 인쇄장치를 사용해, 독특한 LED 렌즈 형성도 제안하고 있다. 이 VPES와 소비자 요구에 맞춘 수지의 개발·제조 판매를 통해 새로운 LED 패키지 창작에 몰두하고 있다.

연락처　〒569-8558　大阪府高槻市道鵜町3-5-1
TEL.072-669-1231(管理部)FAX.072-669-3893
TEL.072-669-4301(大阪營業所)FAX.072-669-1239 E-mail BWA01763@nifty.ne.jp

---

http://www.sharp.co.jp/products/device/index.html

기술/제품정보　샤프(シヤープ)(株)

제품명/기술명　LED 디바이스 및 응용 제품

개요·특징　항상 LED의 새로운 용도를 계속 제안해온 샤프는 1972년 LED 램프의 생산을 개시, 항상 새로운 기술과 풍부한 경험을 살려 높은 품질의 제품을 제공하고 있다. 고휘도화에 따른 LED의 용도는 눈부시게 확대되고 있다. 샤프는 새로운 용도·새로운 장식 표현을 제안하며 신제품 개발에 몰두하고 있다.

연락처　샤프(주) 전자부품사업본부 화합물 반도체 시스템 사업부 기획부
〒729-0474　廣島縣三原市沼田西町惣定247　TEL. 0848-86-0300(대표)
문의처 http://www.sharp.co.jp/products/device/support/index.html

http://www.tlt.co.jp/

기술/제품정보   토시바라이테크(東芝ライテック)(株)

제품명/기술명   LED 유니버설타입 다운라이트

개요·특징   LED는 소형 광원이므로, 배광 제어가 용이하고 기구의 콤팩트화가 가능해지는 등 향후의 새로운 조명 분야를 개척해 가고 있으며, 당사는 'T.LEDs'라는 브랜드명으로 LED를 이용한 조명기구 개발을 진행하고 있다. 오른쪽은 백색 파워 LED3등용(燈用) 유니버설 타입의 다운 라이트이다.

3개의 등은 각각 독립적으로 방향전환이 가능하여 대상물을 적절한 빛으로 조사할 수 있다. 그 밖에도 1등용 등 여러 타입의 제품이 있다.

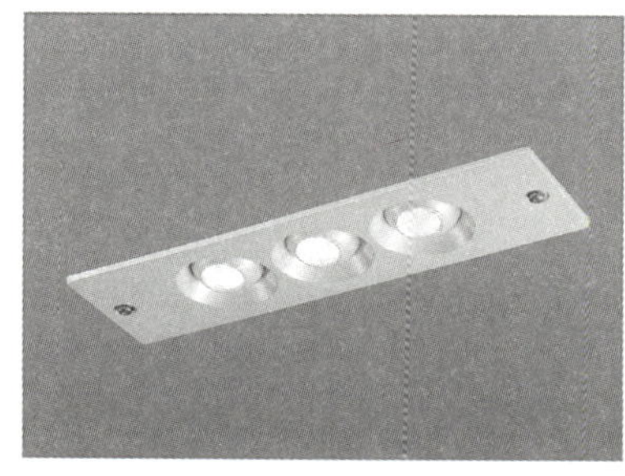

상품번호	LEDD-48003(W)
사용 LED	백색 상당 파워 LED×3
소비전력	5.8 W
중심광도	2,850 cd

연락처   〒140-8660 東京都品川區南品川2-2-13, 電材事業部
TEL.03-5463-8539   FAX.03-5463-8824
문의처 http://www.tlt.co.jp

---

http://www.toyoda-gosei.co.jp

기술/제품정보   도요타합성(豊全合成)(株)

제품명/기술명   고연색성 백색 LED

개요·특징   자색 LED(TG Purple)와 적색·녹색·청색(RGB)의 형광체를 조합한 구조로, 자연광에 많이 가깝고 적색에서부터 청색에 이르는 모든 색의 재현성을 가지는 백색 LED 패키지.

<성능>
- 광도 : 450 mcd(20 mA일 때)
- 연색성 : Ra [92-85] R9 [65]
- 스펙트럼 : 풀 컬러

<응용 예>
- 스포트 조명
- 쇼 케이스 조명
- 자동차 실내조명

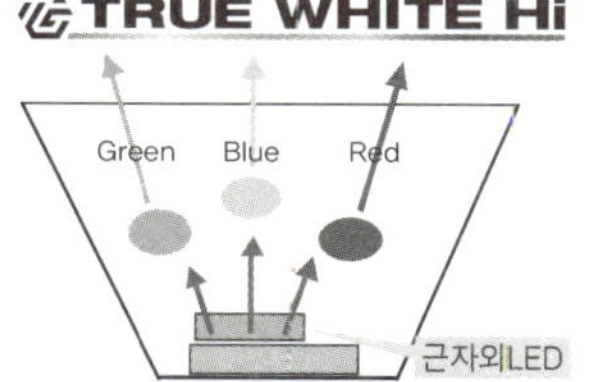

패키지 사이즈
3.5×2.8×1.9(mm)

연락처   〒490-1312   愛知懸稻澤市平和町下三宅折口710 オプト E營業部
TEL.0567-46-2222
FAX.0567-46-2334

http://denko.panasonic.biz/Ebox/everleds/index.html

기술/제품정보   파나소닉전공(PANSSONIC電工)(株)

제품명/기술명   차세대 LED 조명 광원

개요·특징

파나소닉전공은 세계 유수한 조명기구 메이커로서 사회 트랜드에 대응한 상품을 주택·시설·점포·옥외 등 모든 시장에 걸쳐서 제공하고 있다.

1990년대 초기 당시부터 지구 환경보호 측면에서 차세대의 조명 광원으로서 LED의 가능성에 주목해 연구를 진행시키고 있다. 현재에는 'EVERLEDS' 시리즈로서 옥외 경관 분야, 점포·상업 시설, 주택 등 폭넓은 분야에 상품을 전개하고 있다.

당사의 독자적인 방열 설계 기술(저열저항 패키지, 고방열성 기판)이나 광학 설계 기술(옵티컬 파트), 반도체 실장 기술 등을 통해 고출력화·장수명화의 양립을 실현하고, 또 기구의 소형화나 연색성의 향상, 색 불균형의 저감에 의한 품질 향상도 실현하고 있다.

※2008년 10월 1일 마쓰시타전공(주)에서 파나소닉전공(주)로 변경

(역자 주)

연락처   ㊤571-8501   大阪府門眞市大字門眞1006番地
TEL.06-6908-1121

---

http://www.iwasaki.co.jp/

기술/제품정보   이와사키전기(岩崎電氣)(株)

제품명/기술명   LED 조명기구

개요·특징

LEDioc(레디옥)은 당사의 배광·광학 제어 기술을 살려, 반사경을 융합시킨 LED 유닛을 채용한 가로·경관 조명기구 시리즈이다.

- 반사경과의 융합에 의해, 와이드 배광/스포트 배광/프론트 배광 등의 배광 다양화를 실현
- 당사의 독자적인 방열기술에 의해 정격수명 4만 시간(광속 반감시 광속 유지율 5%)을 실현
- 폴 라이트, 어프로치 라이트, 풋 라이트, 방습형 LED 유닛 등 다채로운 조명기구 출시.

연락처   ㊤105-0014   東京都港區芝3-12-4. 岩崎電氣(株) CSセンタ
TEL.03-3452-5351   FAX.03-3769-8446
E-mail info@eye.co.jp

http://www.ushiolighting.co.jp/

기술/제품정보   우시오라이팅(USHIO LIGHTING)(株)

제품명/기술명   LED램프(LED Reflector)

개요·특징   【저온도】 열선, 자외선을 거의 포함하지 않는다.
【전력절약】 불과 2 W의 전력으로, 100 W 타입의 백열
            구와 동등한 정도의 조사면 밝기*를 실현했다.
【초수명】 백열전구, 형광 램프, HID보다 훨씬 긴 수명이다.
• 꼭지쇠 : E11(밀러 외경 φ50, φ70 대응)
           E17, E26(밀러 외경 φ70 대응)
• 정격 전압 : AC 100 V
• 빔각 : 20°
• 발광색 : 화이트, 웜화이트(수주 생산으로 레드, 그린, 블루, 옐로)
• 용도 : 점포, 진열장 내의 스포트 조명, 미술관·박물관 등 열에 민감한 전시물의 스포
       트 조명
※ 러러지름 φ50, 발광색 : 화이트, 조사 거리 1 m에서 100 W 백열구(알몸 점등)와의 중심 광
   도 측정 비교/당사비

연락처   〒104-0032 東京都中央區八丁堀2-9-1, 秀和東八重洲 ビル
           TEL. 03-3552-8261   FAX.03-3552-8263
           E-mail info@ushiolighting.co.jp

---

http://www.koito-ind.co.jp/

기술/제품정보   고이토공업(小糸工業)(株)

제품명/기술명   LED 솔라(solar) 조명

개요·특징   '빛이 만드는 친환경'을 키워드로, 다양한 거리의 빛을
제안하고 있다.
여기서 소개하는 'LED 솔라 조명'은 태양광 발전을 이용
한 클린 조명 장치이다. 광원으로서 백색 LED를 채용해
에너지 절약, 긴 수명, 환경 배려의 조명기구가 되고 있
다. 한층 더 자연 에너지를 유효하게 이용한 제품으로서
는 태양광 발전과 풍력 발전을 병용한 '하이브리드 LED
조명'이 있다. 이러한 제품은 경관을 배려한 디자인과 에
너지 절약성을 통해 거리 조성에 많이 공헌하고 있다.

연락처   〒244-8569 横浜市戸塚區前田町100番地, 營業企劃推進グループ
           TEL.045-822-7101   FAX.045-823-8011
           E-mail info@koito-ind.co.jp

http://www.stanley-components.com/

기술/제품정보　　스탠리전기(STANLEY電氣)(株)

제품명/기술명　　LED 디바이스/LED 모듈

개요·특징
스탠리에서는 LED 디바이스의 개발로부터 광학기술, 제어기술 등을 이용한 '점·선·면'의 조명용 LED 모듈의 개발을 행하고 있다.
LED 디바이스는 고효율의 패키지 디자인, 형광체의 배합 기술에 의한 연색성의 향상, 또 광온도 범위로의 사용을 가능하게 하는 재료 개발 등, 디바이스 특성을 최대한으로 발휘시켜 신규 분야에의 용도 개발에 임하고 있다.
- 백색에서부터 전구색까지 라인 업
- 고휘도로 고효율을 실현하는 패키지 디자인의 개발

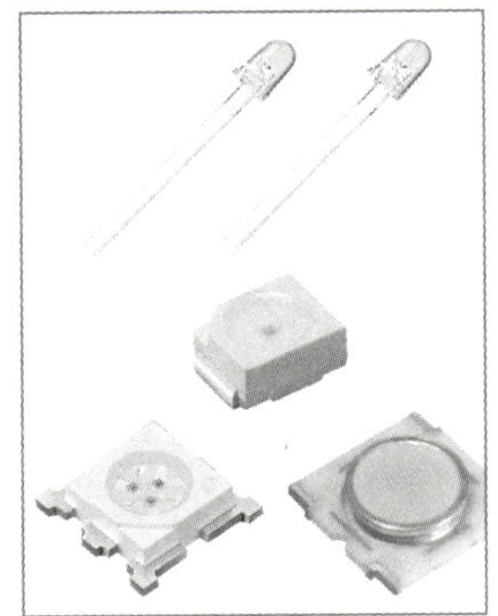

연락처
〒153-8636 東京都目黑區中目黑2-9-13
TEL.03-3710-2222

---

http://www.seiwa.co.jp

기술/제품정보　　세이와전기(星和電機)(株)

제품명/기술명　　옵트디바이스 관련 제품

개요·특징
세이와전기는 빛과 정보의 종합 메이커로서 청색 발광 다이오드와 백색 LED의 핵이 되는 형광체의 독자 개발에 성공해, LED 소자로부터 모듈, 어플리케이션 까지의 자사 일관생산 시스템에 의해 옵트디바이스 사업을 전개하고 있다. 옵트디바이스의 LED 램프를 핵심제품으로 하고 조명용 LED 모듈, LED식 신호기, 옥외 표시장치나 LED 제품 제조 기술을 살린 LED 칩 선별 장치 등을 주력 제품으로 전개하고 있다.

연락처
〒610-0192　京都府城陽市寺田新池36番地
TEL.0774-55-8181　　FAX.0774-58-2034
E-mail　info@seiwa.co.jp

http://www.mitsubishielectric.co.jp/group/mlf/

기술/제품정보　미쓰비시전기조명(三菱電機照明)(株)

제품명/기술명　고휘도 유도등

개요·특징　백색 LED를 채용한 고휘도 유도등 '룩 센트 LEDs 시리즈'. 이미 발매된 C급에 더해서 디자인성을 중시한 B급을 신발매했다. 종래의 냉음극 형광 램프 채용 기종은 점등 유닛과 광원을 근접시킬 필요가 있기 때문에 패널의 상부에 점등 유닛이 있는 디자인이었다. 광원에 LED를 채용한 것으로 점등 유닛과 광원을 분리하는 것이 가능해져, 공간 디자인의 자유도·가능성을 넓히고 있다. 또 에너지 절약성에도 우수하며 광원의 수은 배제도 실현되어 환경 부하를 저감. 게다가 배터리의 상태를 스위치 1개로 점검할 수 있는 자기 점검 기능을 탑재했다.

연락처　〒247-0056　神奈川縣鎌倉市大船2-14-40, 營業統轄部 販賣企劃センダ
TEL.0467-41-2701　FAX.0467-41-2786
E-mail Kozawan@lucent.mlf.co.jp

---

http://www.apicyamada.co.jp/

기술/제품정보　아픽야마다(アピックヤマダ)(株)

제품명/기술명　패키징 장치, 다이싱 장치

개요·특징　아픽야마다는 금형을 핵심 기술로 한 반도체 조립 공정 장치 메이커이다.
특히 주력 제품인 수지봉지용의 몰드 장치, 그 후 공정인 절단·굽힘·싱규레이션용 장치에 대해서는 항상 업계를 리드하는 최신 기술을 계속 제공하고 있다. 1994년에 개발한 릴리스 필름을 이용하는 몰드 장치 FAME®는 종래 방법으로 곤란했던 QFN의 리드 아래쪽 면에의 수지 리크나 대형 일괄 패키지의 분리형에 발군의 효과를 발휘하고 있다. 그 응용 기술은 향후의 LED 제품의 패키징에 큰 영향을 줄 것으로 기대된다.

연락처　〒389-0898 長野縣千曲市大字上德間90
TEL.026-276-7813　FAX.026-276-4102
E-mail suishin@apicyamada.co.jp

http://www.inaba.com/

기술/제품정보   (株)이나바전기제작소(因幡電機製作所)

제품명/기술명   LED 방재·방범등

개요·특징

'EMERGE'는 백색 LED를 광원으로 하고 비상용 배터리를 내장한 방재·방범 조명기구이며, 아래와 같이 많은 특징을 갖고 있어 주목받고 있다.

- 백색 LED와 고효율 리플렉터 채용 : 백색 LED와 고효율 리플렉터를 채용해 방범등 클래스 B의 조도 기준을 실현.
- 정전 시 10시간 점등 : 백색 LED를 광원으로 하는 것으로, 에너지 절약 점등을 실현해, 광속비 50 %로 10시간 이상의 비상 점등을 가능하게 했다.
- 에너지 절약 : 고광속의 최신형 백색 LED와 전용 전원 회로를 조합시킨 것으로, 약 10 W의 저소비전력이 가능하다.
- 긴수명 : 백색 LED의 수명 40,000시간은 8년간 램프 교환이 불필요하다.

연락처

〒582-0027 大阪府柏原市円明町1000-99
TEL.072-977-8801 FAX.072-977-8596
E-mail enmyo@inaba.com

---

http://www.photal.co.jp/

기술/제품정보   오쓰카전자(大塚電子)(株)

제품명/기술명   LED 광학 특성 측정 시스템

개요·특징

LED 광학 특성 측정 시스템 'MCPD 시리즈'는 LED의 분광 분포를 순간에 측광할 수 있는 폴리크로미터와 측정 대상에 대해서 유연하게 대응 가능한 광섬유를 갖춘 시스템이며, 범용적으로 LED를 평가하는 데 적합하다. 그 밖에 인라인 전용 시스템 '고속 LED 광학 특성 모니터 LE series'도 있다.

- 특징 : 다채로운 어태치먼트로 CIE 평균화 LED 광도, 전광속, 배광 측정에 필요한 시스템을 구성하는 것이 가능
- 측정항목 : 색도 좌표(x, y), 밝기(kY), 주파장(λ_d), 분광 방사 분포, 상관 색온도(T_c), 연색성 평가수

연락처

〒573-1132 大阪府枚方市招提田近3丁目26-3
TEL.072-855-8554 FAX.072-855-9100
E-mail osaka.office@photal.co.jp

http://www.opto-system.co.jp/

기술/제품정보 (株)옵토시스템(OPTO·SYSTEM)

제품명/기술명 LED 칩 측정 분류 장치

개요·특징 LED 베어 칩의 전기 특성 및 광특성(휘도 및 파장) 검사를 실시해, 합격 여부 판정 및 랭크 분류를 행하는 장치이다. 상하 전극 타입 이외에도 윗면 멀티 전극 타입이나 아랫면 발광 타입의 칩에도 대응하고 있다. 옵션의 데이터-처리용 PC에서는 웨이퍼 맵 데이터의 작성이나 분류 랭크별 데이터 집계가 가능하고, 또 자사제의 테스터에서는 대전류 인가나 펄스 인가, 또는 집광측정이나 ESD 측정에도 대응하고 있다. 측정 칩만을 측정하는 샘플링 기능이나 외관 검사기능을 추가한 타입, R&D용으로 기구부를 간략화한 타입도 있다.

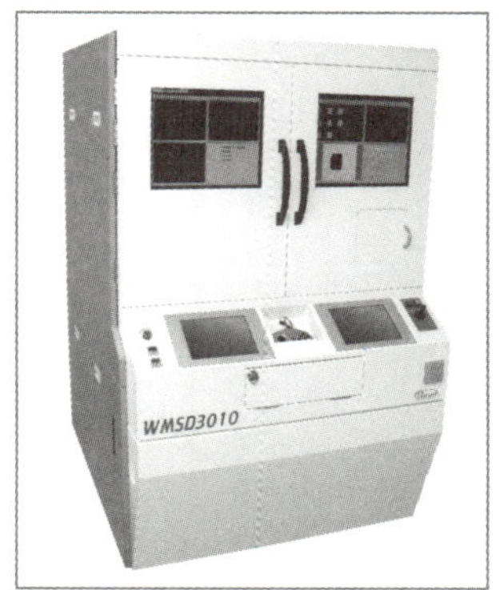

연락처 〒610-0313　京都府京田邊市三山木野神100
TEL.0774-68-4440 FAX.0774-68-4444
E-mail optwest@gold.ocn.ne.jp

---

http://www.luci-led.jp

기술/제품정보 (株)콘텐츠(CONTENTS)

제품명/기술명 고휘도 LED 조명기구

개요·특징 Luci FLEX는 두께 4 mm, 높이 10 mm의 극미세 플렉스이면서, 초고휘도 타입.
길이 1 m에 96 구의 LED가 10 mm 피치로 배치되어, 접고 구부림이 자유롭고, 컷도 가능하며 채널 문자나 간접조명에도 폭넓게 활용할 수 있는 LED 제품이다.
네온 등의 점포 연출 조명에 대신하여 주목을 끄는 제품으로 에너지 절약, 적은 발열 등의 장점을 최대한으로 살리고 아름다운 그라데이션 컬러를 연출하는 제어 시스템의 기획을 합쳐 변환이 자유로운 조명 솔루션을 제공한다.

연락처 〒153-0064 東京都目墨區下目墨1-8-1. アルコタワー1F
TEL.03-5719-7400　FAX.03-5719-7411
E-mail info@luci-led.jp

기술/제품정보　(株)교신전기제작소(共進電機製作所)

제품명/기술명　LED용 전원 장치

개요·특징

본 제품은 고휘도 LED용의 직류 전원 장치이다. LED에 흐르는 전류를 정전류 제어하는 것을 통해, 접속수나 LED의 순방향 전압의 격차에 영향 받지 않고 안정된 점등이 가능하다.
전원 전압은 AC 100 V 전용, LED의 접속수는 1~8 등(직렬)까지 대응하고 있고, 출력 전류는 150 mA, 300 mA의 2 타입이 있다.
본 제품의 사용 장소는 기구 내로 한정되지만, 그 외에도 옥외에서의 사양을 가정한 방습·방수 대책품의 시리즈도 갖추고 있다.

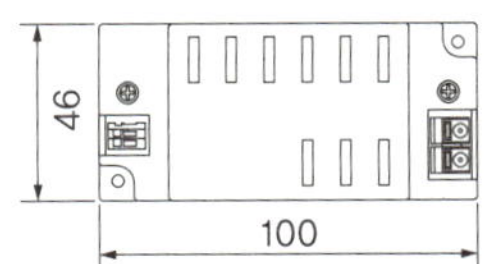
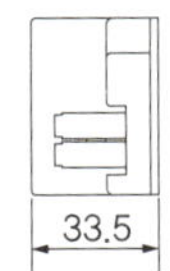

<특징>
- 전원 전압 AC 100 V 전용
- 출력 150 mA, 300 mA 정전류
- LED 1~8 등의 범위에서 임의로 점등 가능 (직렬 접속)
- 기구내 전용

<주의사항>
- 본 전원 장치는 기구내 전용. 그 이외의 형태에서는 사용할 수 없음.
- 본 전원 장치에 적합한 LED 모듈에 대해서는 상담바람.
- 외관, 사양은 예고없이 변경할 수 있음.

<문의>
- 전원 장치의 상세한 것에 대하여는 문의 바람.
- 용도, 형태에 따라 개발함.
- 방습, 방수 대책에도 대응함.
- 그 외 특별 주문품에 대해서는 별도 문의 바람.

연락처

本社·工場　〒532-0035 大阪市淀川區三津屋南2-6-16
TEL.06-6309-2151　FAX.06-6304-6289
E-mail mail@kyoshin-ewl.co.jp
東京營業所　〒130-0014 東京都墨田區龜澤1-5-5
TEL.03-3625-2669　FAX.03-3621-1770

기술/제품정보 산켄전기(サンケン電氣)(株)

제품명/기술명 파워 LED와 멀티 칩 LED 모듈

개요·특징

당사는 오랜 세월에 걸쳐 파워 반도체의 분야에서 여러가지 기술을 길러 왔다. 이 축적을 살려 LED 분야에서도 LCD 백 라이트나 조명등을 목표로 특징이 있는 제품군을 제공하고 있다.

- 파워 LED : 독자 기술인 실리콘 기판을 이용한 질화갈륨계 청색·녹색 파워 LED와 4원계 적색 파워 LED. 모두 사파이어 기판 칩과 비교해 1/4 의 저열저항으로 고출력 긴수명
- 멀티 칩 LED 모듈 : 횡장 저열저항 패키지에 복수의 LED 칩을 배치한 고효율 파워 모듈. 각 색 칩의 조합이 가능하고 각종 라인 광원에 최적

연락처

東京事務所 〒171-0021 東京都豊島區西池袋 1-11-1,メトロポリタンプラザビル東京事務所
TEL.03-3986-6151
FAX.03-3986-1400

기술/제품정보 시시에스(CCS)(株)

제품명/기술명 화상 처리용 LED 조명 기술

개요·특징

당사는 창업 이래, 공업 검사에 이용되고 있는 화상 처리용 LED 조명의 기술개발에 주력해 왔다. 그 결과, 소비자로부터 높은 신뢰와 평가를 받아, 업계의 선도 기업으로서 성장했다.

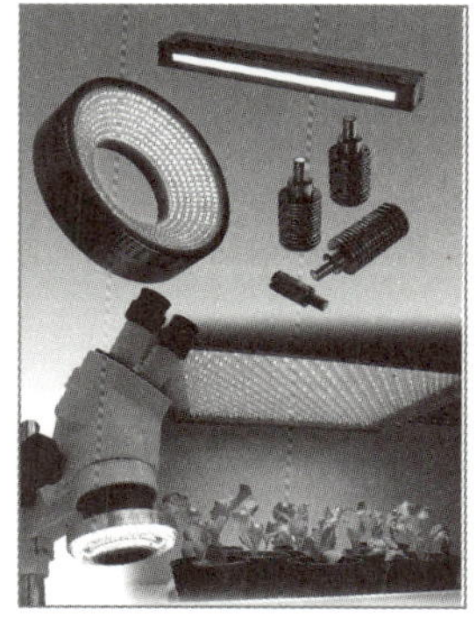

최근에는 지금까지의 노하우를 살려, 새로운 사업을 전개하고 있다. 현미경 분야에서는 독자 기술로 확대 관찰에 최적인 광원을 제안하고 있고 또, 바이오·메디컬 분야에서는 여러가지 학술 연구를 지원하는 기기 개발을 실시하고 있다. 향후에도 LED를 응용한 제품 개발을 통해서, '빛을 과학화하여, 사회에 공헌하는 빛의 세계 기업'을 목표로 하고 있다.

연락처

〒602-8011 京都市上京區烏丸通下立賣上ル 鶴円町374番地
TEL.075-415-828 FAX.075-415-8281
E-mail sales@ccs-inc.co.jp

기술/제품정보　(株)알팍토(ALFACTO)

제품명/기술명　LED 조명

개요·특징　(주)ALFACTO는 40년 이상의 알루미늄 관련 제품의 제조 경험으로 쌓은 기술을 바탕으로, LED 응용 제품의 기획·개발, 설계·제조를 행하고 그 품질·성능에 대해 두터운 신뢰를 얻고 있다. 특히 알루미늄 압출형재를 사용함으로써 LED에 있어서 중요한 방열 문제를 저비용으로 해결하는 기술을 가지고 있다. 더구나 전자회로 기술, 소프트웨어 기술, 광학 설계 기술 등을 구사해, 만족할 수 있는 상품을 개발하고 있다.

〈주된 상품 분야〉　• 산업용 LED 광원
• LED 건축화 조명
• LED 인테리어 조명 등

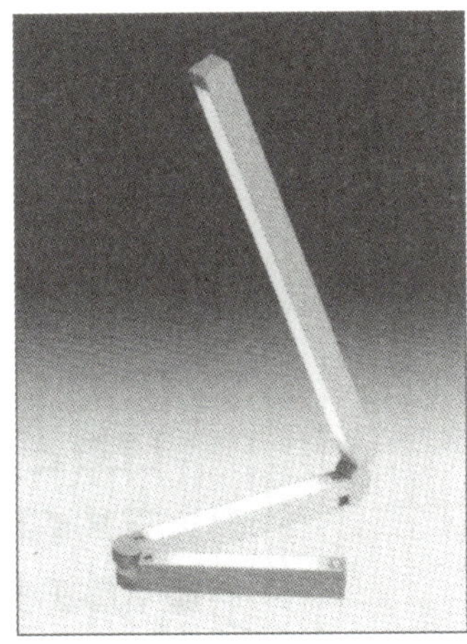

LED 데스크 라이트(LIGA-A)

연락처　〒368-0066 埼玉縣秩父市堀切507
TEL.0494-62-2211　FAX.0494-62-4488
E-mail led@alfacto.com

기술/제품정보　신고전재(信號電材)(株)

제품명/기술명　LED 신호등

개요·특징　1972년의 회사 창립이래, 신호주·각종 케이스(단자상자·전원상자)를 제조해 온 신고전재(주)는 1992년 경찰청에 서일본 대책 신호등이 채용된 것을 계기로 시각제한 등기 등 독자제품의 개발을 실시함과 동시에 해외도 포함해 LED 신호등의 보급에 노력해 왔다. 또 LED 유닛을 납품하는 알루미늄 케이스도 다이캐스트나 밀어내는 성형의 특징을 살린 제품을 제안.
이 박형 LED 보행자등은 세계 전략을 응시한 'Shingo⇒D' 브랜드의 일본용 제품으로서 전국에 설치되어 있는 박형 LED 차량등에 계속되는 제품으로서 환경보호나 유지성을 배려하는 한편, 지금까지 간과해 왔던 디자인성을 착안하여 개발한 제품이다.

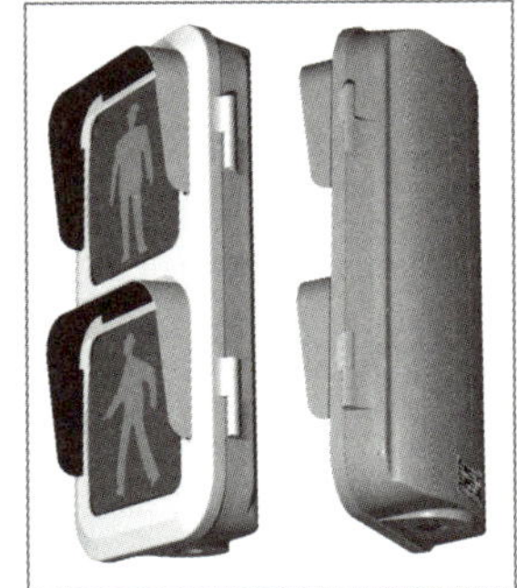

연락처　〒836-0061 福岡縣大牟田市新港町1-29
TEL.0944-56-8282
FAX.0944-56-8283　E-mail shino@shingo-d.co.jp

http://www.sumitomo-chem.co.jp/acryl/

기술/제품정보 스미모토화학(住友化學)(株)

제품명/기술명 아크릴 수지광확산판

개요·특징
스미펙스®EM090은 LED 광원을 이용한 내조식 간판용의 아크릴 광확산판이다. 아크릴 수지가 가진 뛰어난 내후성과 표면 경도라는 기계 특성에 고투과·고확산성을 부가해, LED의 직진 휘도를 유지하면서 빛을 확산시키는 용도에 적합하다. 옆의 윗 그림은 LED 광원 단체, 아래 그림은 LED 정점으로부터 35 mm 위쪽에 스미펙스®EM090을 설치한 사진이며, 점 모양의 LED 광원으로부터 균일빛을 얻는 것이 가능하다. 이 밖에도 각종 내조식, 도광판식에 대응한 LED 간판용 아크릴 확산판을 갖추고 있다.

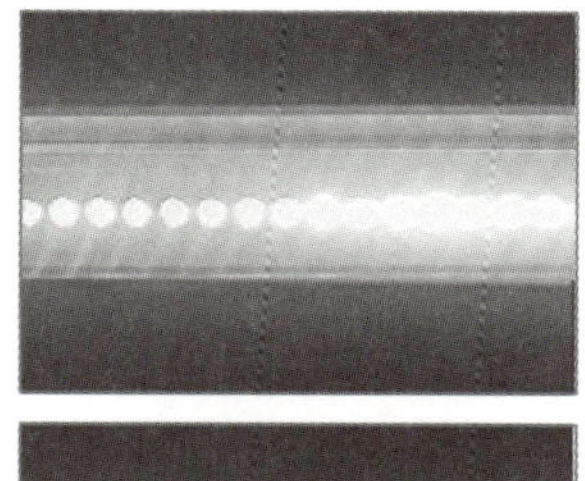

연락처
〒104-8260 東京都中央區新川2-27-1 東京住友ツインビル
TEL.03-5543-5494 FAX.03-5543-5942
E-mail mma-hp@ya.sumitomo-chem.co.jp

http://www.smied.co.jp/

기술/제품정보 (株)스미토모 금속 일렉트로 디바이스(Sumitomo Metal Electronics Devices : SMI-ED)

제품명/기술명 LED 패키지

개요·특징
최근 중·대형 액정의 백 라이트, 차량용 각종 램프, 조명 용도로서 LED의 한층 더 고휘도화가 요구되고 있다. 종래의 수지 패키지에서는 방열성의 문제에 의한 결점이 있어, 당사는 이것에 대응하는 방열성이 뛰어난 패키지를 제조하고 있다.

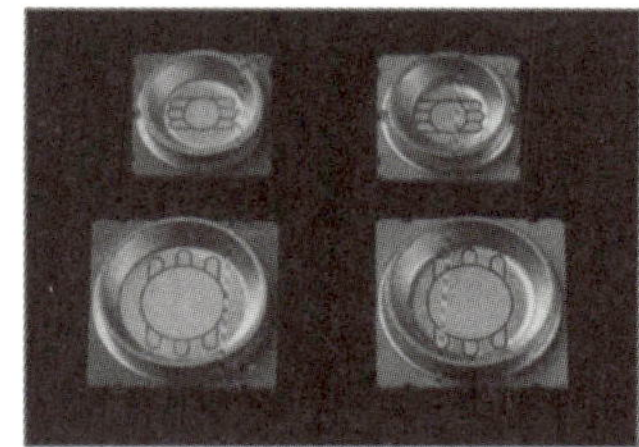

<기술의 포인트>
- 고방열 절연 재료인 세라믹스를 사용
- 반사율이 높은 기판 재료
- 지향성 향상을 위한 반사경 부착
- 내층 배선 가능한 적층 타입
- SMD 대응

연락처
東京事務所 〒104-6109 東京都中央區晴海1-8-11トリトンスクエアY棟 11F 開發營業グループ
TEL.03-4416-6750 FAX.03-4416-6744
E-mail info_mail@smied.sumitomometals.co.jp

www.seibu-denki.co.jp

| 기술/제품정보 | 세이부전기공업(西部電氣工業)(株) |

제품명/기술명 태양광 LED 가로등, LED 쇼 케이스 조명, LED 간판

개요·특징 당사의 LED는 고휘도·고확산·긴수명(10만 시간)으로, 전기요금 등 유지 경비 최소화 가능.

- 태양광 가로등 : 태양광 패널을 살린 독립 전원형으로 전기요금 0 엔, 배선 공사 불필요하고 7일간 햇빛이 없는 데에도 대응.
- 쇼 케이스 조명 : 자외선과 열을 차단한 고휘도, 고확산의 특징을 가지고 있어 상품을 손상시키지 않고 고객의 눈을 끄는 극저소비 전력의 조명기구
- 간판 조명 : 신소재의 활용으로 저소비 전력, 유지비용 개혁을 실현, 시인성이 뛰어난 간판을 실현

연락처 ☏812-8565 福岡市博多區博多驛東3丁目7番1
TEL.0120-123-446,092-418-3182 FAX.092-418-3150
E-mail taiyo@seibu-denki.co.jp

http://www.daikan.ne.jp/

| 기술/제품정보 | (株)다이칸(DAIKAN) |

제품명/기술명 LED 내장 사인

개요·특징 주식회사 다이칸의 '루미레타®스켈레톤'은 투명 아크릴에 포탄형 LED를 봉입하고 있다. 휘점을 굳이 보이는 것으로, 다운 라이트의 바로 밑이나, 다른 전광 장식 사인이 밀집한 위치에서도 뛰어난 시인성을 확보. 또, 종래의 면발광 사인보다도 LED의 전구 수를 삭감하는 것에 성공해, 뛰어난 비용 성능을 발휘하고 있다. LED의 특성의 하나인, '빛의 직행성'를 최대한으로 살린 '기술의 사인'이라고 말한다. LED 컬러는 화이트·블루·에메랄드·그린·램프 컬러·레드·오렌지·옐로의 모두 8색을 출시

연락처 ☏551-0002 大阪府大阪市大正區三軒家東3-1-7
TEL.06-6551-2020 FAX.06-6551-0879
E-mail info@daikan.ne.jp

http://www.daidokogyo.co.jp/

기술/제품정보 다이도 코교(大同興業)(株)

제품명/기술명 LED 칩·LED 주변 부재·LED 램프 등의 수출입 판매 외

개요·특징

<LED 칩>
- 발광 다이오드(2원·3원·4원 계열) 염가품~초고휘도 제품
- 수광 다이오드(포토 트랜지스터용, 포토 커플러용)
- 제너 다이오드(zener diode)
- 에피 웨퍼(단거리 통신용, 프린터용)

<LED 주변 부재>
- 구동 IC(LED 구동 IC, POF용 구동 IC, 기타)
- 조도 센서
- 방열 부재(알루미늄 방열판, 히트 싱크, 기타)
- 각종 케이블
- 각종 실장 재료

<기타>
유기 EL·각종 LED 램프의 판매, 실장·조립 위탁 생산 등

연락처

〒108-8487　東京都港區港南一丁目6番35（大同品川ビル 3F）
TEL.03-5495-7180
FAX.03-5495-7201

---

http://www.takatsuki-denki.jp/

기술/제품정보 다카쓰키전기공업(高槻電器工業)(株)

제품명/기술명 가시광 차단 자외선 발광 다이오드

개요·특징

가시광 차단 자외선 발광 다이오드 'VC UV시리즈'는 발광 파워에는 정평있는 니치아화학공업 주식회사 제품인 고출력의 자외선 발광 다이오드와 광학 다층막 필터(유리, 렌즈)를 일체화시킨, 센서용 자외선 발광 다이오드이다.
발광 스펙트럼에 포함되는 가시광분을 차단하는 것으로, 자외선에 의한 형광 반응을 보다 정밀하게 검출할 수 있다. 위조 지폐 검사 감지 센서 등에 사용 가능하다.

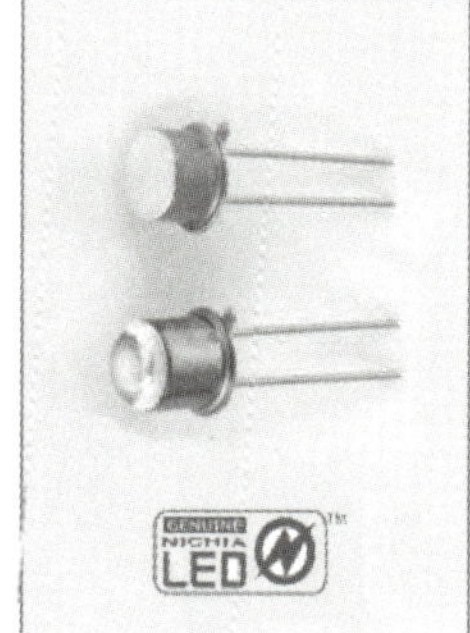

<제품 구성>
- 피크 파장 : 365 nm와 375 nm의 2 종류
- 형상 : 렌즈 타입과 플랫 타입

연락처

〒613-0034 京都府久世郡久御山町佐山中道41-1
TEL.0774-43-2111 FAX.0774-45-1331
E-mail info@takatsuki-denki.jp

http://www.tecdia.com

기술/제품정보   테크다이아(TECDIA)(株)

제품명/기술명   스크라이버 장치

개요·특징

본 장치 'TEC-2005RM'은 다이아몬드 툴로, 반도체 웨이퍼를 칩(pellet)화시키는 장치이다. 주로 발광소자(LED)의 스크라이버, 레이저 소자(LD)의 1차측 스크라이버, 바 어레이 2차측 스크라이버 가공 등 다용도로 사용이 가능한 스크라이버 장치이다.

<주된 사양>
- 각 축 독립 기구
- 폴라스척테이블
- 오리지널 화상 인식 프로그램
- 전공 레귤레이터＋에어 실린더 탑재

연락처

〒170-6020   東京都豊島區東池袋3丁目1番地1 サンシャイン60 20階
TEL.03-3988-3500   FAX.03-3988-1706
E-mail sales@tecdia.co.jp

http://www.teknologue.co.jp/

기술/제품정보   (株)테크놀로그(TEKNOLOGUE)

제품명/기술명   LED 테스트 시스템

개요·특징

본 장치 'LX4681A'는 웨이퍼 프로버 및 핸들러 등에 접속해 LED의 각 특성을 고정밀도, 고속으로 측정, 그 측정 결과의 표시 및 출력(측정 결과 데이터나 웨이퍼 맵 등), 분류 출력이 가능. 종래의 전기적 측정 항목에 더해서 ESD 측정, 스위프 모드에서의 순전압 및 고전압 인가 측정(MAX : 200 V/10 mA), 열저항 측정이 가능하다.
또, 파장 특성 측정 항목에 대해서는 색도 좌표나 주파장, 중심 파장, 상관 색온도 등에 더해서 적분구(積分球)를 부가한 전 방사속이나 전 광속 측정이 가능하게 되어, LED 개발 평가용으로 고정밀도 다기능화된 LED 검사 장치이다.

연락처

〒215-0033   神奈川縣川崎市麻生區栗木2-8-18
TEL.044-980-1261   FAX.044-980-5582
E-mail sales@teknologue.co.jp

http://www.denka.co.jp

기술/제품정보   덴키화학공업(電氣化學工業)(株)

제품명/기술명   LED관련 전자재료 제품군

개요·특징

당사에서는 시장 수요에 대응하기 위해, 자사에서 제품화하고 있는 유기 및 무기 소재를 베이스로 한 다양한 제품군을 구축하고 있다. 회로 기판(금속 베이스 기판, AIN 세라믹 기판), 절연 방열 시트·방열 스페이서 및 높은 내구성과 작업성을 모두 지닌 아크리트계 접착제(하드록) 등의 전기·전자 구성 부재. 세계의 톱 쉐어를 자랑하는 용해 실리카 필러 및 질소물계 세라믹스를 시작으로 하는 기능성 세라믹스. 뿐만 아니라 전자 부품의 실장 공정에 사용하는 캐리어 테이프 등의 주변 부재 등 디지털 가전을 중심으로 하는 LED 적용 분야에 따라 덴키화학공업은 뛰어난 개발력과 폭넓은 라인업으로 사용자 요구에 응하고 있다.

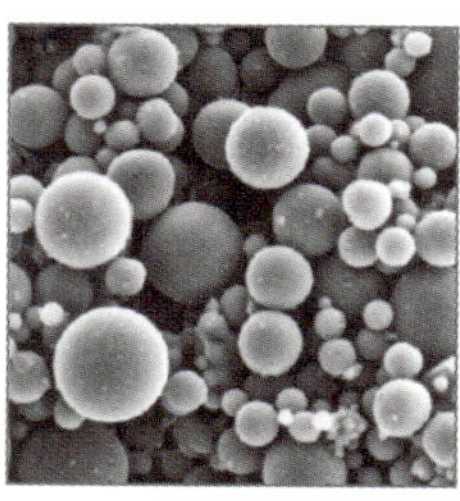

덴카 용해 실리카(구상)

연락처

〒103-8338 東京都中央區日本橋室町2-1-1 (日本橋三井タワー)
TEL.03-5290-5055　FAX.03-5290-5059
E-mail http://www.denka.co.jp

---

http://www.shapal.jp/

기술/제품정보   (株)도쿠야마(德山)

제품명/기술명   고순도 질화알루미늄·LED 패키지

개요·특징

(주)도쿠야마는 질화 알루미늄 메이커의 파이오니아로서 신뢰성 높은 품질과 항상 새로운 고출력 LED 기술을 제공하고 있다.

특히, 저비용·고방열·고치수를 실현한 독자 기술에 의한 고순도 질화알루미늄 '시이발' 세라믹스 패키지는 다양한 요구에 맞추어 대응할 수 있다. 분말로부터 패키지까지 일관생산할 수 있는 당사만이 가능한 강점을 살린 제품이다.

<특징>
- 열전도율 : 1,700 W/m·K 이상
- 칩 외형 치수 정도 : ±30 μm
- 전극 패턴 설계 : L/S=50 μm
- 전극 금속 : W, Cu

Cu 메탈라이즈 기판

연락처

〒150-8383 東京都澁谷區澁谷 3-3-1　澁谷金王ビル
TEL.03-3597-5135　FAX.03-3597-5144　E-mail shapal@tokuyama.co.jp

http://www.nitride.co.jp

기술/제품정보　나이트라이드·세미컨덕터즈(Nitride·Semiconductors)(株)

제품명/기술명　옥내용 일루미네이션

개요·특징　'라임라이트'는 파장 375 nm의 자외선 발광 다이오드(UV-LED)와 형광 수지의 조합에 의한 새로운 원리의 일루미네이션으로, 종래의 LED가 점발광인데 비해 면 혹은 입체(3D)로 발광해, 디자인의 자유도가 높고 보는 각도에 따라서 시인성이 크게 변화하지 않는 것이 특징이다.
컬러는 형광체의 혼합에 의해 적·청·녹 이외에도 노랑·분홍과 같은 중간색도 가능하

다. UV-LED는 수은등의 유해 물질을 포함하지 않기 때문에 환경 부하가 적고, 수명은 1만 시간 이상, 또 인체에 유해한 빛을 포함하지 않기 때문에 안전하다.

연락처　〒771-0360 德島縣鳴門市瀬戸町明神字板屋島115-7
TEL.088-683-7750　FAX.088-683-7751
E-mail　nitride@nitride.co.jp

http://www.maxray.co.jp

기술/제품정보　막스레이(MAXRAY)(株)

제품명/기술명　컴팩트한 쇼 케이스 라이트

개요·특징　전구와 같은 필라멘트가 없고, 반도체소자 자체가 발광하는 차세대의 광원인 고휘도 LED(발광 다이오드). 효율 설계된 렌즈에 의해, 낭비 없는 밝기를 실현하는 35 mm의 콤팩트한 LED 모듈을 채용한 디스플레이라이트 'MS10130'. LED(드래곤 팩)는 3개의 LED 패키지를 내장한 렌즈 일체형의 모듈로, 광색은 주광색(5,400 K), LED의 장점인 긴 수명도 실현되고 있다.

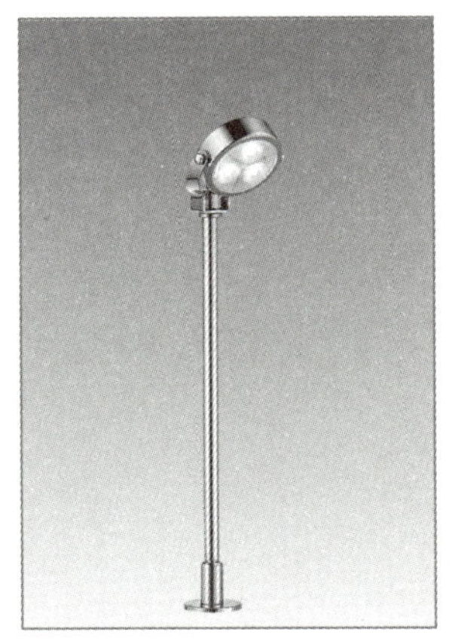

연락처　〒153-0061東京都目黑區中目黑1-4-20, 東京支店
TEL.03-3791-2711　FAX.03-5704-7721
E-mail　webmaster@maxray.co.jp

http://www.maruwa-g.com/shomei/

기술/제품정보　(株)마루와 쇼메이(MARUWA SHOMEI)

제품명/기술명　일반 조명용 LED 모듈

개요·특징

차세대의 광원으로서 주목을 끌고 있는 LED는 경량 콤팩트하고 긴 수명, 전력 절약, 온난화 방지나 수은을 포함하지 않는 등 지구 환경을 생각하는 광원으로서 주목받고 있다. MARUWA SHOMEI는 기존의 '보이기 때문에 비춘다'고 하는 요소도 겸비한 'LUSTER μ LU시리즈'의 제품 개발에 성공해, LED의 특징을 살려 도로·경관·점포 등 여러 가지 용도에 전개하고 있다. 사진은 노면 조도를 확보한 난간 조명의 사례이다.

앞으로도 지구 환경을 생각하는 고성능 LED 조명을 제공할 것이다.

연락처

〒110-0015 東京都台東區東上野1-1-12 栗橋ビル
TEL.03-5812-0870　FAX.03-5812-088
E-mail yoshihiro.tanihara@maruwa-g.com

---

http://www.yamada-shomei.co.jp

기술/제품정보　야마타조명(山田照明)(株)

제품명/기술명　파워 LED

개요·특징

콤팩트한 패키지 사이즈로 대광량을 실현한 Power LED(AD-2083). 종래의 LED에 비해, 아크릴 리플렉터에 의해, 고휘도의 좁은 스포트 배합을 가능하게 했다. 빛에 열이 포함되지 않기 때문에, 조사물에 근접해도 대상물에 열적 손상을 주지 않는다.

또, 백색과 전구색의 선택이 가능하고, 빛의 색분리가 거의 없는 LED를 채용하고 있다.

전용으로 설계된 전원 트랜스를 통해 안정된 광환경을 실현했다.

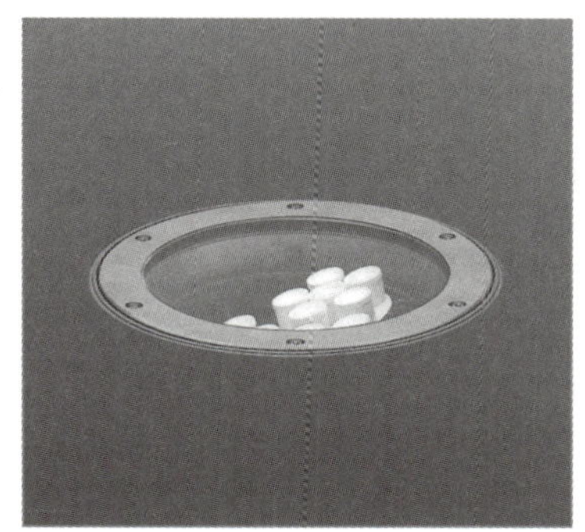

연락처

〒101-0021 東京都千代田區外神田3-8-11
TEL.03-3253-5161
FAX.03-3255-3078

http://www.ypc-g.com/

기술/제품정보　　요시카와가세이(吉川化成)(株)

제품명/기술명　　LED 조명 모듈

개요·특징　요시카와가세이는 "초정밀 플라스틱 렌즈＋LED＝새로운 LED 조명의 모양을 제안한다"는 것을 콘셉트로 해, 플라스틱에 특화한 광학 렌즈 기술을 통해 LED 광원에 적절한 렌즈를 개발했다(상표 : FineLEDs).
초정밀 플라스틱 렌즈를 LED에 탑재해, 세계 최소 크기의 LED 모듈을 완성시켰다. 독자적인 렌즈 기술을 통해 아름답고 밝은 빛을 제공한다.

- YP SPOT-S(초소형 스포트 조명 모듈)
  →치수 ϕ13.5×H11.5 mm
- YP-PANEL(두께 불과 3.7 mm의 초박형 LED 면발광 조명)
  →치수 313×87×3.7 mm

연락처　　〒538-0052大阪市鶴見區橫堤5-6-34
TEL.06-6912-7291　FAX.06-6913-3730
E-mail adachi@ypc-g.com

5.4 국내 LED 조명 관련 업체

회사명	주요 취급품목
삼성전기(주)	인쇄회로기판, 적층세라믹콘덴서, 광픽업, 발광다이오드, 블루투스모듈, 진동모터, 무선키보드
서울반도체(주)	발광소자
한성엘컴텍(주)	소형 카메라모듈, 키패드, 백라이트 유닛, EL램프, LED조명
(주)필룩스	페라이트코어, 변압기, 데코램프, 슬림램프, 인테리어 마감재
(주)엘엠	방진방습등, 형광등기구, 투광등기구, LED조명, 광섬유
루미마이크로(주)	백색 발광다이오드
대방포스텍(주)	센서등, 센서스위치, 형광등기구, 실내등, 경관조명, LED조명, 전기공사
엘이디라이텍(주)	연출조명, 경관조명, 광고조명, 디스플레이조명, 컨트롤러, 전원, 주문형 모듈
(주)이미지라이트	조명등기구, 광섬유조명, LED 수중등, LED 투광등
(주)광우	로터리엔코더, 할로겐조명, 형광등조명, 광섬유조명, LED조명, 마크로조명장치, 박물관 조명장치
(주)나노팩	적층형세라믹패키지, LED조명
(주)대림이엔지	음성경보장치, 경광등, 사이렌, 고전압 점화장치, 충돌방지기, 속도감지기, 전압감시기, 전자전환스위치, 근접스위치, 고휘도 LED조명, 조형물 가로등, 태양광 가로등, 산업용 기기, 산업용 측정장비
(주)젠텍	메모리칩, LED조명
에스엘테크놀로지	주사액 공급 제어장치, 가스보일러 제어장치, LED조명, LED램프, 네온사인, 제어장치
(주)파워에이앤디	조도조절기, 조도제어기, 전력용 인버터, 특수안정기, 파워서플라이, LED조명
유니버셜엘이디(주)	LED조명, 등기구
(주)청정네이처	공기청정기, LED조명
(주)휴먼라이텍	LED조명, 인테리어조명, 경관조명
(주)한울옵틱스	광섬유피복탈피기, 광섬유탈절기, 광섬유격자, 광섬유센서, 다채널광필터, 광섬유조명, 라이트파이프, 지그비, LED조명, 무선광섬유센서, 무선쇼케이스 자동제어 시스템, 무선 가로등 원격관리시스템, 무선시설물 안전모니터링시스템, 무선화재감지시스템, 무선홍수예·경보시스템, 유비쿼터스 위치 추적시스템, 무선보안관리시스템
남광시스템	광섬유, LED조명, 루미나이트, 하프밀러
(주)다승아이앤에스	가로등, 공원등, 보안등, LED조명
(주)가온에스이씨	LED조명

회사명	주요 취급품목
(주)이디엠아이	조립식 앵글, 중경량랙, 진열대, LED조명
플루미나(주)	LED조명, LED가로등, LED가로등 케이스, LED투광기, LED투광기 케이스
세원에프엘(주)	LED조명, LED모듈, 파노라마모듈, LED투광기, 파워스플라이, 컨트롤러
(주)어플리컴	LED조명, 백라이트액자
(주)비에스엘	LED조명, LED광모듈, 광모듈용 노이즈필터
(주)엘이디코리아	LED조명장치, LED로프네온, LED플렉스튜브
(주)루미시스	투광등, 공원가로등
(주)유비젼	LED조명, LED검사장비
(주)케이이오	LED조명, LED신호등

(자료 출처) (주)밸류애드, "품목별 기업체 총람", 2007.

국내 LED 조명 관련 수·출입 업체

수출업체	수입업체	제조업체
건흥전기(주)	테크닉스(주)	건흥전기(주)
(주)심우전자	(주)엘티비	(주)심우전자
코리아화인(주)	대하상사	코리아화인(주)
세이코엡손(주) 한국지점	(주)영신테크	세이코엡손(주) 한국지점
하나기술(주)	(주)안세	서울무역상사
서울무역상사	(주)원옥에프에이엔지니어링	동우옵트론(주)
동우옵트론(주)	충무정밀(주)	(주)티티아이텍
(주)티티아이텍	(주)제본	한국유에스씨전자(주)
한국유에스씨전자(주)	한국계측시스템(주)	선린전자(주)
선린전자(주)	(주)대한전광	(주)케이제이씨코퍼레이션
동화아이엔디(주)	(주)기연산업	길라씨엔아이(주)
(주)케이제이씨코퍼레이션	세이코엡손(주) 한국지점	(주)인텍전자
길라씨엔아이(주)	센트론기연	애로우일렉트로닉스(유)
악세스코리아(주)	(주)케이이씨디바이스	(주)삼일엘텍
(주)인텍전자	(주)은호무역	한국앤엠비(주)
애로우일렉트로닉스(유)	(주)우일하이테크	한국이토추(주)
(주)삼일엘텍	(주)여의시스템	태산엘시디(주)
한국앤엠비(주)	(주)다산네트웍스	(주)아모텍
한국이토추(주)	(주)효림모라	목산전자(주)
태산엘시디(주)	써보레	(주)포트론
(주)아모텍	디이시스(주)	(주)한택
한국가가전자(주)	제일전자부품(주)	씨멘스브이디오한라(주)
목산전자(주)	(주)반도세미컴	큐피엘인터내쇼널
(주)포트론	대세무역	(주)삼강
(주)알에프텍	세메스(주)	삼신전공(주)
(주)한택	한전케이피에스(주)	(주)로옴전자코리아
씨멘스브이디오한라(주)	그린코포레이션	(주)남평아이티

(자료 출처) 무역협회, "무역정보네트워크 서비스", 2009. (주) 밸류애드 재구성.

MEMO

찾아보기

숫자, 영문

1차 2차 절연형(絕緣型)	103
3색 LED	15
4원소 혼성 화합물 반도체 LED	13
AC-DC 컨버터(converter)	102, 179
ACGIH	126
AlGaAs계 LED	11
AlGaInP계 LED	13
ANSI	117, 179
ANSI/IESNA	129
BIN 코드(code)	163
BS	117, 179
C급 유도등(誘導燈)	142
Ce	48
CIE 규격(國際照明委員會規格)	88, 179
CIE 추장(推奬)	124
CIE 평균화 LED 광도	79
CO$_2$	179
CZ법(Czochralski法)	61
DC-DC 컨버터(converter)	102, 179
DIN	124, 179
EFG법	61
EMI, EMI 대책	105, 179
EN	179
ESD(靜電氣放電)	179
GaAs계 LED	11
GaAs기판(基板)	11
GaAs의 벌크 결정성장(bulk結晶成長)	11
GaN계 LED	15
GaP, GaP계 LED	11, 13
GOST R	124, 180
HEM법	61
HID, HID램프	15, 30, 180
H-VPE법(hydride 氣相成長法)	55
ICNIRP97의 가이드라인(guideline)	129
IEC 규격(國際電氣標準會議規格)	88, 124, 180
IEEE	124
ISO, ISO 규격	88, 180
JEITA(구 EIAJ)	88, 179, 180
JEL 규격(日本電球工業會規格)	88, 123, 180
JIL 규격(國際照明器具業會規格)	88, 123, 180
JIS(日本工業規格)	121, 180
Kyropoulos법	61
LD	180
LED 결정성장 방법	53
LED 광원(光源)의 과제	32
LED 광원(光源)의 특징	29
LED 램프와 기존 광원의 비교	30
LED 램프의 제조 방법	62, 67
LED 소자(素子)	44
LED 응용	135
LED 전극 형성 공정	62
LED 점등회로	95
LED 점자(點字) 블록(block)	157
LED 조명추진협의회	3, 189
LED 집합회로(集合回路)	99
LED 칩·소자의 선정	64, 91
LED 패키지(package) 구조	43, 180
LED 패터닝(patterning)-LED 전극 형성 공정	62
LED 형광체의 특성	48
LED, LED 램프	3, 17, 67, 180
LED가 붙은 실링라이트(ceiling light)	137
LED의 역사	11
LED의 특성 향상	14
LnGaN계 LED 소자	45
LPE법(液相成長法)	11, 54
MBE법(分子線成長法)	57
MIL 규격	88, 180

MQW(多重量子우물)　　14, 180
NEMA 규격　　124, 180
NF 규격　　124, 181
OMVPE법(有機金屬氣相成長法)　　56
PL법(製造物責任法)　　124, 181
pn 접합(接合)　　11, 181
SiC　　11
SMD(表面實裝型) LED　　44, 51
TIP 구조　　181
UL　　124, 181
UNI　　124, 181
VPE법(氣相成長法)　　11, 55
YAG, YAG 형광체　　48, 181
Ⅱ－Ⅵ족 화합물 반도체(化合物半導體)　　11, 179

가로등　　154
가변주파수(可變周波數)　　83
가시광선(可視光線)　　23, 181
가전자대(假電子帶)　　18
간접천이(間接遷移)　　13, 181
개별점등방식　　99
건축 장식　　167
건축기준법　　122
검사　　69
결정육성방법(結晶育成方法)　　61
계량법(計量法)　　123
고시(告示)　　125, 181
고조파, 고조파 대책　　105, 181
공공 시설　　165
공해방지 관계 규격(公害防止關係規格)　　124
광고 사인 보드(sign board)　　166
광도(光度)　　76, 181
광속(光束)　　181
광원 빛의 안전성 국제 규격　　131
광원 안전기준　　130
광학 설계(光學設計)　　92
교류－직류 변환회로(交流－直流變換回路)　　102
교통신호등기　　152

구동회로(驅動回路)　　42
구성부품 재료　　43
국제규격　　124
국제전기표준회의 규격(國際電氣標準會議 規格：IEC 규격)　　124
국제조명위원회 추장(國際照明委員會推奬：CIE 推奬)　　124
굴절률(屈折率)　　181
규정　　182
규칙　　125, 182
극성(極性)　　37
글레어(glare, 눈부심)　　94
금속 채널 타입　　162
기계적 안전성　　85
기계적 환경시험　　83
기구내 온도　　109
기대수명　　182
기밀성 시험(氣密性試驗)　　84
기상성장(氣相成長), 기상성장법(VPE법)　　11, 55, 182
기타 환경 시험　　84
기판재료, 리플렉터 재료　　51

납땜성시험　　84
내부 양자효율(內部量子效率)　　79
내선규정(內線規定)　　121
내열(耐熱)　　41
내전압(耐電壓)　　182
냉음극 램프(lamp)　　142
녹색 LED　　14

다수 캐리어(carrier)　　20
다운 라이트(down light)　　143
다이 본딩(die bonding)　　67
다이내믹(dynamic) 점등　　100, 182
다이오드(Diode) 특성　　38

다중양자(多重量子) 우물(MQW) 14
단결정 기판(單結晶基板) 58
단결정(單結晶) 182
단자 강도 시험 83
단자간 용량(端子間容量) 74
단체 규격 123
대전(帶電) 111, 182
더블 헤테로(double hetero) 구조 13, 182
데스크 라이트(desk light) 139
도로 교통 분야 152
도로교통법 123
도로시선 유도등 156
도미넌트(dominant) 파장 78
동작층(動作層)의 성장 방법 53
듀티(duty) 제어 98
드라이에칭(dry etching) 182
디레이팅 곡선(derating curve) 40

ㄹ

렌즈(lenz) 설계 92
리스크 그룹(risk group) 분류 129
리스트 스트랩(list strap) 183
리프트 오프(lift off) 182
리플렉터(reflector : 반사경), 리플렉터
　설계 93, 183

ㅁ

명령(命令) 124, 183
몰딩(molding) 68
미국연방규칙 88

ㅂ

반도체 결정층의 성장 이미지 55
반사율(反射率) 52
반치전각(半値全角) 35, 183
발광 분포 34
발광 파장(發光波長) 11, 20, 21

발광(發光) 다이오드(LED) 17, 53, 180
발광(發光) 메커니즘(mechanism) 45
발광(發光) 스펙트럼(spectrum)
　　　　　　33, 34, 46, 77, 183
발광강도 183
발광색(發光色) 21
발광효율(發光效率), 광원효율(光源效率)
　　　　　　14, 79, 89, 183
방사속(放射束) 79
방열 설계(放熱設計) 106
배광(配光) 76
배위좌표(配位座標) 모델 47
백색 LED 15, 25, 27, 34, 44, 89, 132, 154
백색화(白色化)의 원리 22
버(burr) 183
법령 119
법률(法律) 124, 183
벽면 풍차(壁面風車) 에코 커튼(echo curtain) 149
병원용 침대등 142
부분광속(部分光束) 75
부활제(付活劑) 46
분자선성장법(分子線成長法, MBE법) 57
브레이킹(breaking) 61
비시감도 곡선(比視感度曲線) 24
비절연형(非絕緣型) 103
빛 발광 파장(發光波長) 11, 20, 21
빛 에너지의 작용 126
빛 특성(光特性) 33, 75
빛나는 건축부재(建築部材) 146
빛의 3원색 9, 24
빛의 안전성 125

ㅅ

사인·디스플레이 분야 162
사파이어, 사파이어 기판 15, 60
산화물 형광체(酸化物螢光體) 48
상관색 온도(相關色溫度) 78
상야등(常夜燈) 137
색도(色度) 77, 183

색온도(色溫度) 33, 183
생체적 안전성 86
샤프 에지(sharp edge) 183
서지(serge) 전압 183
선팽창계수(線膨脹係數) 183
설계 가이드라인(guide line) 89
성령(省令) 125, 183
세라믹(ceramic) 재료 52
소방법 123
소수 캐리어(carrier) 주입 20
소자분리구(素子分離溝) 62
솔라 라이트(solar light) 146
수명(壽命) 81, 184
수소화물, 수소화합물(水素化合物) 184
수지 봉지(樹脂封止) 68
순전류(順電流) 73, 96, 184
순전압(順電壓) 73, 96, 184
스넬(Snell)의 법칙 92
스위칭 전원 102, 184
스크라이빙(scribing) 65
스태틱(static) 점등(點燈) 99, 184
스태틱(static) 조명(照明) 99
스파크(spark) 184
스포트라이트(spotlight) 143
시각장애자용 시선유도등 157
시감각(視感覺) 이미지도 23
시리즈 레귤레이터(series regulator) 102
시설분야 141
시야각(視野角) 35
시험방법 71
식물 육성용 조명 170
신뢰성(信賴性), 신뢰성 설계(信賴性設計)
40, 106
실링 라이트(ceiling light) 143

안전 저전압(安全低電壓) 184
안전성 국제규격(安全性國際規格) 131
안전성 설계 116

안전성 평가(安全性評價) 127
알루미늄산이트륨(YAG) 48
액상성장(液相成長), 액상성장법 11, 184
어스(earth) 184
얼룩 대책 93
에너지 갭(energy gap) 20
에너지 밴드 모델(energy band model) 19
에너지 변환율 184
에너지 절약법 123
에피택시얼(epitaxial) 막(膜) 11
에피택시얼(epitaxial) 성장 53, 58, 184
여기(勵起) 스펙트럼(spectrum) 46
역내압(逆耐壓) 184
역률(力率) 104, 184
역전류(逆電流) 73
역전압(逆電壓) 74
역접(逆接) 다이오드(Diode) 38, 39
연색성(演色性) 33, 184
연출분야(演出分野) 148
열관류율(熱貫流率) 185
열손실(熱損失) 185
열저항(熱抵抗) 185
열적 환경시험 82
열전도율(熱傳導率) 185
열특성 80
염소화합물(염화물) 185
염수분무시험(鹽水噴霧試驗) 84
오사용(誤使用) 185
오징어잡이 어업 분야 174
옥외 라이트(light) 145
옥외 분야 145
온도 특성 80
온도-광출력 특성 36
온도-전압 특성 39
와이드 갭(wide gap) 반도체(半導體) 14, 185
와이어 본딩(wire bonding) 67
외곽(外廓) 185
외국규격 124
외부 양자효율(外部量子效率) 11, 14, 79, 185
요구 사양(要求仕樣)의 결정 91

웨이퍼(wafer) 연마(研磨)　64
유기금속 기상성장법(有機金屬氣相成長法 :
　OMVPE법)　56
유기금속 화합물　185
유도등(誘導燈)　141
응답시간　74
이동체 분야　159
인체에 미치는 영향　125
일본공업규격(日本工業規格 : JIS)　121
일본전구공업회규격(日本電球工業會規格)　123
일본조명기구업회규격(日本照明器具業會
　規格 : JEL)　123
일제점등방식(一齊點燈方式)　99
입력전력(入力電力)　104

ㅈ

자동차　159
자연공냉(自然空冷)　185
장수명(長壽命)　185
저온 버퍼층(低溫 buffer層)　185
적색 LED　13
적외선　185
전광속(全光束)　75, 186
전기 특성　37, 73
전기공사사법　121
전기사업법　121
전기설비 기술기준(電氣設備技術基準)　121
전기용품안전법　119
전기적 안전성　85
전도대(傳導帶)　18
전류–광출력 특성　35
전압–전류 특성　38
전원 시스템　104
전원수명(電源壽命)　105
전원장치　104
전원회로(電源回路)　101
전자파 저감 조명기구　143
전자파(電磁波)　22, 186
절단(切斷)　68

절문자(切文字) 타입　164
점자(點字) 블록(block)　157
점포, 점포 사인(sign)　143, 166
접촉대전(接觸帶電)　111
접합부 온도(接合部溫度)　186
정가속도 시험　83
정령(政令)　124, 186
정상 사용　186
정전기(靜電氣), 정전기 대책　111, 112, 186
정전기에 의한 파괴의 메커니즘　112
정전내압(靜電耐壓)　41, 186
정전류 전원(定電流電源)　103
정전류 점등　97, 186
정전류 회로(定電流回路)　186
정전압 전원(定電壓電源)　103
정전압 점등　96, 186
정전파괴 시험(靜電破壞試驗)　84
제1세대(第1世代)의 빛　3
제2세대(第2世代)의 빛　3
제3세대(第3世代)의 빛　3
제4세대(第4世代)의 빛　3
제조물책임법(製造物責任法 : PL법)　124
조례(條例)　125, 186
조명분야　137
주위온도　80
주택분야　137
주택용 옥외 조명기구　139
주파수, 주파수응답　74, 186
주파장(主波長 : dominant波長)　78
지향성, 지향특성　35, 186
직류 전원(直流電源)　101
직접 천이(直接遷移)　13, 186
진동 시험(振動試驗)　83
질화물 형광체　49

ㅊ

차단주파수　74
철도차량　160
청색 LED　9, 14, 25, 175

총합전력효율 104
축상(軸上)의 발광강도 186
충격 시험(衝擊試驗) 83
충전(充電), 충전부 187

카보랜덤(Carborundum) 결정(SiC) 11
캐리어(carrier) 20
캐스팅(casting) 68
컬러 디스플레이 분야 165
컬러 연출 조명기구·시스템 148
코히렌트 성장왜곡 MQW 활성층 187

터널 시선 유도등 155
터널용 표시등 153
통달(通達) 125, 187
투과률(透過率) 187
투명 전극(p측 전극) 62

파워 LED 40
파장(波長) 187
패드(pad) 전극 187
평균 연색평가수(平均演色評價數) 33, 187
포탄형(砲彈型) LED 44, 50

포토 리소스(photo resource) 187
표면실장형(表面實長型 : SMD) LED 44, 51
풋 라이트(foot light) 137
풍차 조사 스포트라이트(spot light) 149
프린트 헤드(print head) 171
프린팅(printing) 68
플랑크(Planck) 상수(常數) 20
플로어 라이트(floor light) 139
피상 전력(皮相電力) 104

하이드라이드 기상성장법(Hydride Vapor Phase Epitaxy : H-VPE법) 55
항공법 123
허용 노광량(許容露光量) 129
형광체(螢光體) 25, 45, 187
형광체와 전자 현미경 사진 46
화상처리용 조명 169
화합물 반도체(化合物半導體) LED 11, 13
확산기능 91
환경 부하(環境負荷) 187
환경에 관한 법규 187
환경에 미치는 영향 132
회로설계(回路設計) 95
휘도(輝度) 77
휴대 전화 분야 151
힐링 라이트(healing light) 172

집필자 일람

LED照明推進協議会　会長（日本大学生産工学部）	大谷　義彦	大塚電子株式会社	大嶋　浩正
サンユレック株式会社	宮脇　善照	オーデリック株式会社	十亀　寿水
シャープ株式会社	加藤　正明	株式会社オプト・システム	山口　隆夫
シャープ株式会社	林　寛	加賀電子株式会社	志田　靖
東芝ライテック株式会社	清水　恵一	カラーキネティクス・ジャパン株式会社	島原　正稔
豊田合成株式会社	高橋　利典	カラーキネティクス・ジャパン株式会社	別府　真由美
松下電工株式会社	大利　富夫	株式会社共進電機製作所	斉藤　武彦
松下電工株式会社	杉本　勝	株式会社共進電機製作所	藤井　一範
岩崎電気株式会社	魚住　拓司	株式会社コンテンツ	福山　司
岩崎電気株式会社	並木　宏	サンケン電気株式会社	鈴木　伸幸
ウシオライティング株式会社	上田　信一	シーシーエス株式会社	小西　淳
NECライティング株式会社	沖村　克行	シーシーエス株式会社	増村　茂樹
オスラム・メルコ株式会社	鈴木　量	株式会社シバサキ	岡田　透
京セラ株式会社	木本　徳胤	信号電材株式会社	秋永　良典
コイズミ照明株式会社	井上　康蔵	株式会社住友金属エレクトロデバイス	築山　良男
小糸工業株式会社	安藤　正道	住友金属鉱山株式会社	田中　政史
小糸工業株式会社	細野　慎介	住友電気工業株式会社	中村　孝夫
シチズン電子株式会社	金森　正芳	株式会社ダイカン	仁義　修
シチズン電子株式会社	別田　惣彦	大同興業株式会社	樗木　美和
昭和電工株式会社	安田　剛規	テクダイヤ株式会社	小山　真吾
スタンレー電気株式会社	堀尾　直史	テクダイヤ株式会社	王　静
星和電機株式会社	金森　章雄	株式会社テクノローグ	河本　康太郎
星和電機株式会社	川崎　貴志	鳥取三洋電機株式会社	保本　正美
大光電機株式会社	上野　幸治	根本特殊化学株式会社	高原　武
同和鉱業株式会社	小林　秀明	株式会社MARUWA SHOMEI	堺　正二
三菱電機照明株式会社	丹下　理和	森山産業株式会社	田島　睆示
三菱電線工業株式会社	佐野　真一	山田照明株式会社	杉田　實
アビックヤマダ株式会社	井出　修二	吉川化成株式会社	溝田　豊彦
株式会社因幡電機製作所	小山　博司	ローム株式会社	石長　宏基
株式会社遠藤照明	中戸　稔	LED照明推進協議会	小島　彰
株式会社沖デジタルイメージング	林　安男	LED照明推進協議会	伊藤　英太郎
		LED照明推進協議会	西出　勇

역자 소개

구기준 (Gi Jun Ku)

· 한림성심대학교 정보통신네트워크과 교수(공학박사)
· 한림성심대학교 정보통신연구소장
· 한림성심대학교 u-산업연구소장
· 한국모바일학회 학술위원장
· 한국정보통신자격협회 이사

LED 조명 핸드북 원제 : LED照明ハンドブック

2011. 4. 27 초판 1쇄 발행
2012. 6. 8 초판 2쇄 발행

검인

편자 | 日本 LED照明推進協議会
옮긴이 | 구기준
펴낸이 | 이종춘
펴낸곳 |  BM 성안당
주소 | 경기도 파주시 문발로 112
전화 | 031) 955-0511
팩스 | 031) 955-0510
등록 | 1973.2.1 제13-12호
출판사 홈페이지 | www.cyber.co.kr

ISBN | 978-89-315-2357-7 (13560)
정가 | 19,000원